VIVRE, CROIRE ET AIMER
La beauté cachée dans nos vies

Martin Steffens

生活 相信 爱

——发现生命中隐藏的美

［法］马丁·斯蒂芬斯 著

吴雨娜 译

西南师范大学出版社
国家一级出版社 全国百佳图书出版单位

每次我敢于信任我的人生，它都会重新开始。

目录
Sommaire

开篇语 001

生 活	002
我人生开始的那一天	003
今 天	006
走在路上	008
相 信	011
爱	012
隐藏的美	014
最后几句话	015
小故事	017

第一章 接受 019

行驶的反方向	021
难以置信的美好	024
万物的音乐	028
拉盖尔小姐	031
重 逢	034
阿德里安的抗议	037
慎重选择	040
小故事	043
永恒的青春	045
受人欺骗	048
停车场思维	051
此时此刻	054
简单生活	057
小故事	060

第二章 行动 061

推门的策略 063

迈步 066

我们的超能力 069

还是老样子 072

笑和唱歌 074

没什么 077

见证内心的喜悦 082

花朵和无神论者 086

小故事 089

第三章 爱 091

生命：负担还是礼物？093

2002年夏天 096

弗洛伊德的错误 101

丈量世界 104

美不是奢侈品 107

应不应该相信白马王子？115

是否应该相信卡车司机？118

一个孩子 121

小故事 126

第四章　相 信　*127*

完美的平衡　　　*129*
双重生活的赞歌　*132*
天啊：一句粗话　*135*
阿尔伯特女士　　*138*
我丢了信仰　　　*141*
两种寂静　　　　*144*
捉迷藏　　　　　*147*
人类的画像　　　*150*
小故事　　　　　*153*

结束语　*155*

爱的密使　*157*

附　录　*167*

开篇语

🌼 柏拉图（Platon）说："读书，就是上桌吃饭。"

这本书呈上的小短文就像自助餐的菜肴，请你们随便挑，尽情吃。当然柏拉图还强调，随便吃也需要信任感："我不会被吃下去的东西毒害吧？可能身体没事，但灵魂中毒更可怕！"我们打开一本书或者挑选一个电视节目就是给自己进食，小心谨慎是必然的。因为书与电视提供的是精神食粮，我们便可以做一些在吃真正的自助餐时做不到的事：如果看不下去可以先休息一下，等会儿再回来看；如果不感兴趣，就跳过几页，甚至现在就可以跳过开篇语。这本书是一些想法清晰的短篇合集，你可以慢慢品味，千万别狼吞虎咽，要像小鸟啄食一般，仔细品尝它。

正如尼采（Nietzsche）对他的读者的寄望："读书应须像牛反刍一样一再地阅读才行。"

生 活

首先，琢磨一下这个题目。这本书集中写了三个动词：生活，相信和爱。

生活当然是第一位的事。哪个人不是从活着开始的呢？为了去爱，去信任，哪怕就是为了简单的思考，不也要活在这个世上才能做到吗？然而，每个生命都不是一个已经完成的，而是即将开始的状态。仅仅活着还远远不够，活着只是现在进行时，要充分地参与生命才能成为一个活生生的人。因此，有一天，我们会发现活着比出生要多一点东西。看：在我出生的地方我看不到颜色，闻不到味道，感受不到温度，我挣扎着出生，陷进新生儿的感觉无所适从。在母亲生下我后，父亲帮我签发了出生证明。我活着，但什么都不会。人们说，"这就是人生"，但这不是我的人生。一开始我们是"被生出"的，而不是主动生活。

然而，很快我们就和自我见面了，总带着一点怪怪的感觉，刚开始次数很少，接着就频繁起来。

你还记得你和自己遇见的某一天吗？或者说仅仅是惊鸿一瞥的那一天。或许是在你七八岁的时候，或许是在学校的操场上，在运动后的更衣室里，在房间里，在你最喜欢的藏身洞里，大家多花了几分钟来找你，就那漫长的几分钟……无论你觉得这件事是讨厌的，好笑的，显而易见的，令人焦虑的，或是美好的，都无所谓。总之，这件事已经明明白白地摆在你眼前了。

什么事？我思故我在。我们有时候问自己，其他人是否也有这种奇怪的感觉？他们是否也有另一个默默觉察外部世界的内心自己——在身体很深的角落？那里藏着另一个我，它促成了现在人们所说的"内在"或者是"自我意识"。某一天，这件事情又变得既清楚又神秘："我"就是我，独一无二的我。从此，属于我自己的人生开始了。

我人生开始的那一天

是的，我的人生开始于此，然而伴随着这个突然的、难以理解的"我是！"的出现，一个疑惑产生了：我是，我是所有的我吗？我是真实的吗？我是在我该停留的地方吗？我是不是侵占了我的存在？

一个疑惑产生了：
我是，我是所有的我吗？
我是真实的吗？

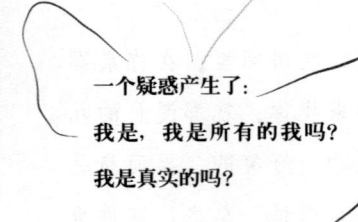

感觉有点想不明白了，那我们就暂时停下来吧。于是我们开始了等待，很长时间的等待。什么等待？既然每个人都得等待一些东西，那这些东西又是什么？

为了什么奇特的约会，女人们每天早上起来梳妆打扮？为了怎样一个连自己都不清楚的秘密婚礼，每个人都在耐心地等待？为了一场怎样的考验，男人们一生都在时刻准备着？为了哪种还没到来但即将来临的爱，在我们的内心深处留出一片空间，也许是最大的空间吧？

事实就是如此：每个人都等着有一天会发现属于自己的秘密。如果造物主存在，每个人都希望看到造物主眼中的自己。每个人都希望从鲜活的生命中，从透彻的使命中和真正的自己相遇。

我们到底希望自己变成什么样呢？我们并不确定，《等待戈多》(*En attendant Godot*)中那两个老流浪汉告诉我们：

埃斯特拉冈(Estragon)说："嗨，狄狄，我们总能找到些什么，让我们感到真实存在。"

Vivre, croire et aimer

弗拉季米尔（Vlaimir）回答："是的，我们是魔术师。"

怎么能确定一个喜欢摇滚乐和约瑟夫·海顿（Joseph Haydn）弦乐四重奏，结了婚并有了三个孩子的哲学教授，有一天不会也玩一把？我如果变成与现在完全相反的一个人会不会也很好？难道我不能扔掉那些皮克斯乐队（Pixies）的旧磁带，从此只听巴萨诺瓦（bossa-nova）？难道我不能辞去我现在的工作去做个瓦匠？难道我就不能喜欢阿兹台克人（les Aztèques）或者两栖类动物？"我们总能找到点什么，让我们感到真实存在。"确实，人一生中总能找到一些让自己感觉到片刻存在的小把戏，比如说支持一个足球俱乐部，成为某款白葡萄酒的爱好者，或者声称对某个电视节目"上瘾"……然而，问题是：我真的离不开这些东西吗？这些足以支撑自我和人生吗？支撑我整个脆弱的身躯吗？

在找寻自我的问题上，有一件事情是确定的：就像一个魔术师，为了不被自己的把戏骗了去，为了让自己安心，为了逃离空虚与不安，不再担心自己为什么变成这样而不是那样，为了不成为对自己一生失望的魔术师，我们需要上路，需要离开自己，迷失自己然后重新找到自己。如果没有拿起画笔，我们怎能知道哪一幅画会让我们技痒？如果没有轻装上路，我们怎能找到属于自己的应许之地？我们要走在自己的道路上并勇于相遇能够揭露真实自己的东西。在我们自己的人生中，一天天地做着朝圣者、探索者和冒险家。

今 天

每次我敢于信任我的人生，它都会重新开始。

从吸第一口气开始，这口气启动了我胸膛深处那两个小小的口袋，直到呼出最后一口气，这口气把我带入永恒的安宁。从生命的开始到结束，我都在不断学习着我是谁。柔嫩的、肥嘟嘟的婴儿的躯体慢慢发出声音，刚开始咿咿呀呀的幼儿学语伴随着我们的人生大计，伴随着我们的期许和欲望慢慢成形，有朝一日终会引起瞩目。是的，我的人生首先是一声啼哭，源自出生的喜悦和第一次分离的痛苦。这声啼哭逐渐变成一个个蹦出的词语，继而是一句句子，最后成为历史的篇章——我们人生的历史。

那么，上路吧！我的人生，我们没有参与你的诞生，但不能缺席你的形成。可喜的是：它每天都会重新开始，或者说每天和我一起重生，因为我对它怀有无限期望，我在它身上下了赌注，就像我义无反顾地踏上指引我人生使命的那条道路。

总之，每次我敢于信任我的人生，它都会重新开始。它每年都重新开始好几次，无论是在愉快醒来的早晨或者是安静入睡的夜晚，只要我一被它诱惑，它就会重新开始。我的人生也会痛苦，每次我被威胁的时候它就痛苦，这种威胁不是来自死亡，而是来自生命：每次听到街上孩子银铃般的笑声或是看到邻居老太太布满皱纹的笑脸，对我而言都是人生的又一次馈赠。

我们要顺从充满我们人生的威胁吗？

问题就在这里：对充满我们人生的威胁，我们是否足够顺从？对我们许下的幸福诺言，我们是否回味得足够久？这些诺言到处都是，在轻叩窗户的小鸟的歌声中，在那个自认为很丑实际上却很美的朋友身上。我们是否看到我们人生中所有的承诺今天都兑现了?

当我坦然接受我的人生,当我全身心地拥抱它,当我停驻在那些指引我前进的、弥足珍贵的时刻时,我的生命就会开始。每次处于创建自我的大工地前,我都会隐约看见整个规划,我所坚持的道路上有永无止境的泥潭,有无望的停滞不前,它们勾勒出一条真实的道路,尽管蜿蜒曲折,却有着它的美丽和协调。这是一条完整的道路,甚至是一条美丽的道路。总之,我的人生在今天早晨再次出发,这是和昨天一样的一天,然而也有一些区别,毕竟这一天还没有开始。

人生被无数个第一次组成,又被每一个第一次充实着。

走在路上

今天我的人生怎么开始?别误会,这不是饮下毒鸩后的苏格拉底(Socrate)在他将死之时于床头提出来的人生大哲理,而是每个人早晨跳下床时,在床头自问的一个问题:今天应

该如何崭新开始？怎样才能有个多彩的早晨来照亮一整天？怎样才能使我每天晚上不断涌现的痛苦转化成重生的力量，打败一

今天我的人生怎么开始？

切身体中死亡的存在？怎样使这个"再一次"，有时候也许是"多余的一次"，变成某件事情的开始，成为"曾经有一次"？

提这样一个问题：每天从床上起来，哪只脚先着地？左脚还是右脚？说真的，我们毫不在意，就像孩子为了弄乱天空在水塘里的倒影，穿着靴子踩水一样，抬脚，跺脚，目的只有一个，那就是我们每个人每天早晨醒来的时候，都能说"我们又能下地行走了"。

现在我们要引入第二个动词：相信。

本书第四章的题目是"相信"，在这章里我说了一些关于我相信的一些事情。这是让我积极生活的重要情感，如果它们只能帮助我每天跨出第一步，我就不在这里与大家分享了。当然它们也不是可以让我飞升的力量，但它们可以帮助我充满信心迈出踏实的步伐。信任，对我来说不是奔向无限遥远的大跳跃，而是简简单单地脚踏着地，大胆迈步。孩子

蹒跚学步的时候必然要克服恐惧，要双脚离开地面，顺着父母呼唤他的方向抬头看。信任，对我来说就是回应这个呼声，这个温柔而坚定的唤你向前的呼声，就是对付恐惧和跌倒的力量和方法，是引领我们懵懂上路的声音。

是的，这个信任看不见，摸不着，甚至无法确定。这会使我们每个人心中的那个理性的小人犯嘀咕。然而即使我们无法证明信任的存在，也不能否认它的本质：信任就是毫不迟疑地冲向充满爱意呼唤我们名字的声音，这是属于我们的名字，也许现在还不是很熟悉，但是这个名字将陪伴我们一生。信任就是我们对面向自己的召唤做出的回应，就像孩子最后总会听从来自房间另一端那个鼓励的声音，迈开蹒跚的步伐。诗人勒内·夏尔（René Char）说："信任是自由的笼子，然而它却孕育着希望。"他在《抵抗运动日记》（*Journal de Résistance*）上写道："我们不属于任何人。这盏灯的金色光芒，尽管我们不认识这盏灯，也无法接近它，但它唤醒了勇气和沉默。"

孩子向前冲，然后摔倒，这是很自然的事。孩子很可能会倒在呼唤他的那个人的怀抱中，那个人认为鼓励孩子迈开步子要比不让他摔倒重要得多。如果不迈开步子冲过来，如果不能接受被别人扶起来、被别人安慰，我们永远也不会碰到这个怀抱。这个怀抱，无法凭空创造，只有信任使我们燃起热情，填满心中的空洞。

相 信

有时为了摆脱幻觉的困扰，在给自己打气的时候会这么说："你只要相信就好！""你只要相信生活是美好的，愉悦的。你只要相信世界是仁慈的，它爱每一个人，呼唤着每一个人的名字！"

是的，我们只要相信就好。如果我们不信，怎么知道结果怎样？如果我们不首先相信，怎么验证父母说的东西是不是真的？如果孩子不相信父母，不迈开步子，怎么知道自己拥有走路的能力？

好吧，我决定向前走：我曾经怀疑深爱每个人的造物主是否只是一个神话，但是我一旦向生活妥协，一旦不再害怕，我就相信它也许是真实存在的，于是我立刻扑向心里那个我们深爱着的，我们懵懵懂懂叫作"神"的存在。我冒冒失失地走着，就像一个上了年纪的老人，疑虑重重、颤颤巍巍地迈开了步子。就像有人扑向了狼的血盆大口，我把自己奉献给了爱：爱我的家人，爱我的将来（那些我将要碰到的，却无法预见的人），爱我的孩子，爱我的学生，爱我的配偶和我同层的邻居。

我承认，我回应的那个呼唤或许只是我自己呼唤的回声，唤醒我爱别人和被别人爱的需求。但这些并不重要，重要的是我向前走了。无论我迈向何人，都不重要，因为我已经决定为此奉献我生命最好的部分。说实在的，我把生命中遇到的那些人给予我的这种温柔称作神（如果我们能知晓这种温柔，怎能不把它当作生活的巅峰）。不过，这不重要。重要的是，我们要知道应该把自己的心奉献给什么。

爱

从相信，我已经讲到了爱。

爱，就像信任，是一个不用考虑就自然出现的问题。这是我们跨出去的第一步，即使不知道这一步会踏上一个坚实的地面，还是会深陷泥潭。"说真的，你到底看上了这个家伙什么呀？"我们对最好朋友的心上人又警惕又失望。但正是他身上有什么东西打动了她，但又不知道具体是什么，正是一种"特殊的魅力"，是他身上那个隐藏之美被她发现了。那么，我们能不能这样问："说真的，你觉得生命有什么意义？"

首先要去爱。

生命中真的有些东西打动了我，虽然我不清楚这到底是什么，但它在彩云之上飘动，在鸟儿身边歌唱，在工人的口哨声中跳跃，在清晨的露水中震颤，总之，我被它的魅力深深打动了，它隐藏着的美丽在我面前显现无疑。首先我们要去爱。是的，爱常常是盲目的。或者说爱就是一个盲人，它有着盲人清澈的目光，因为看不见，反而完全开放，无限宽广。你们有没有发现，因为盲人无法看见丑恶之处，他们的目光更加包容，而不像正常人射出的眼神那么精准、锐利。他们的目光像是要拥抱我们一般，轻柔地包裹着我们。

"我不知道看上了这个人什么，不知道人生有什么意义！"这是一个不去找寻，甚至不去努力拥有的借口。首先要敢爱，只要敢爱就会找到真爱。

隐藏的美

接下来的几页，让我们来寻找生活中隐藏着的美。

然而，反对者会指着你的鼻子责难："这难道不是自欺欺人吗？如果生活中的美是隐藏着的，那就是看不见的，看不见的东西怎么知道美不美？什么是看不见的美？不如说是自己千方百计地说服自己吧！"

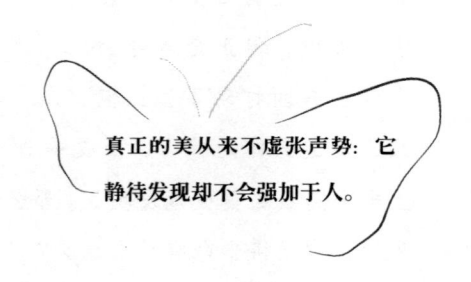

事实上，真正的美总是隐藏着的。那些炫目的艳丽，那些抓人眼球的花哨，真的是美吗？真正的美从来不虚张声势：它静待被发现却不会强加于人。我们的大部分时间总是忙忙碌碌，没时间，没兴趣，太累了，不自由。美真的不曾存在吗？不，它就在那里，只是我们没有发现，没有走过去和它打招呼。我没有听见召唤并不意味着召唤没有响起。

生活中的美就像这样一个过路人：因为城市很小，两人的路径又差不多，他可能每天都会碰到这个过路人。直到有一天，因为公交车晚点了，他和她聊起了天，还聊了点私事。于是第二天，他俩又"碰到"了。"真巧啊！"他们说。其实他们在聊天那次之前几乎天天碰到，只是彼此并未在意，但是自从他们面对面地聊过之后，就不会再错过了。

这个在爱情中越陷越深的男人在心里小声说："在我遇到你之前，你并不曾为我而存在，但自从我见到了你，我的眼里就只有你了。"

希望这本书能时不时地帮我们找到生活中隐藏的美，那些深藏着的美，那些务必藏起来的美，那些近在眼前又隐而不显的美。但是要知道，藏起来都是为了被发现。

最后几句话

你们会在这本书的每一章里发现连载的小故事，它贯穿整本书，最后，这个故事会告诉我们一些小小的道理。

本书的最后是文章的来源。

这本书的文章来自不同的地方：《生活周刊》（*La Vie*），《基督徒之家周刊》（*Famille chrétienne*），《祈祷杂志》(*Prier*)，《四分之一世界》(*Quart-Monde*)以及免费刊物《薄荷叶》(*Feuilles de menthe*)……

我要感谢为这本书面世付出努力的朋友们：首先感谢《生活周刊》可爱的工作团队，尤其感谢格扎维埃·阿卡尔（Xavier Accart）为我在副刊《精华》(*Les Essentiels*)中开辟了专栏，本书摘录了大部分专栏文章。我还要感谢他的继任查尔斯·赖特（Charles Wright）和安娜－劳尔·菲约尔（Anne-Laure Filhol）。感谢所有的专栏读者，特别感谢多米尼克·冯洛普（Dominique Fonlupt）不时给我寄来评论。

感谢《基督徒之家周刊》的吕克·阿德里安（Luc Adrian）紧急召唤我，让我和他讲讲我2012年的夏天……

感谢《薄荷叶》刊物的安娜和格扎维埃高质量的、一丝不苟的工作。

最后感谢马拉布出版社的阿涅斯·维达力（Agnès Vidalie）耐心地收集文章，精心制作成这本我很荣幸奉献给大家的文集。

小故事

我们曾经有大概5000名员工，某种意义上它并不只是个公司。那是……

对不起，故事不是这样讲的。

曾经有个大公司，它从全世界招了差不多5000名员工，也许还要更多。所有的工种这里都有，仅管理团队就有60多个人，在管理团队下面还有秘书、邮递员、店员、司机、实验室主任和他的实验员们……考虑到公司的体量，公司拥有自己的采暖工（一个，两个，三个，也许更多），还雇用了几个全职的园丁来打理总部花园。

这个公司本身就是一个小世界。你会问我，这个"小世界"生产什么东西呢？我只是一个在人事部兢兢业业地工作的职员（这是秘书处的一个小职位，不是特别重要），这个问题稍稍超出了我的工作范畴。对于我的同事西尔维娅来说，这个东西就像水蒸气，冰冻的，需要某种架构，尤其是宇宙架构，来冷却它们的安顿之地。对于在行政部工作的雅克·亨利来说，公司生产一种万能的化工原料，从蓝色油画原料到绉纸，甚至到乙烯基都可以用……

我记得很清楚，那是一个周四，我接到一个召见通知。

第一章
接 受
Accepter

行驶的反方向

> 我们说，世界很小。

一类乘客在订票的时候就指定要正座，这关乎习惯和舒适感，试想谁喜欢倒着走呢？同样的，我们扭头倒车的时候，颈椎也会感到酸疼，就像落枕一样。转头向来是一个让人不舒服的反常行为。

另一类乘客订票的时候随机取票，轻松而无所谓，他们或许会说："哦，随意吧。"然而，坦率地说，随意的结果并不尽如人意。坐倒座的

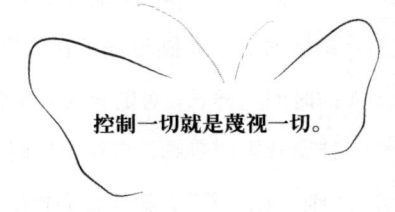

控制一切就是蔑视一切。

乘客往窗外看时，通常会不自觉地朝着车辆前进的方向转过头去，呈现给他对面正座的乘客（他早早地就看到了由远及近的风景）一个侧脸。他的目光犹如滚珠，视线来回游移，企图捕捉鱼贯而入的风景，却只是徒劳。这类乘客没有刻意选择座位，

却好像选了糟糕的位置。

扭头的姿势实在不太舒服,目光无处安放,因而也得不到休息,最后,坐倒座的乘客只好老老实实地猫在座椅中,就像他对面的乘客一样,也开始正着脑袋看窗外。然而正座乘客从容看到的风景,到了倒座乘客眼里,却只能是匆匆一瞥就此别过。一只雌鹿奔向远方,哦,过去了,太迟了;一头红棕色的母牛在啃青草,哦,过去了,太迟了;铁路边发现了一座奇特的房子,哦,过去了,太迟了;一个隧道,哦,太迟了,列车和乘客已经被黑暗吞没。

太迟了,因为眼睛没有预留准备的时间,即使雌鹿、母牛、奇怪的房子和隧道停留在视野内的时间,与看着它们迎面而来的时间一样长,对倒座的人来说还是太迟了。但这些不断逃离、徒留背影的景物,却有一种逝去的、转瞬即逝的、永别的味道。"哦,太迟了",就像我们指给别的乘客看一只逃出森林的动物,等对方回过神来,动物早已不见踪影。太可惜了……

然而也许并不那么遗憾:我们的人生不也是这样吗?很多事情推着、拉着、拽着我们往前走,然而大多数时候,只有等事情真正过去了,我们才明白到底发生了什么。没有第一眼即发现的真相,只有回顾才能认清的事实。

Vivre, croire et aimer

阿拉贡（Aragon）抱怨道："当我们学会生活时，为时已晚矣。"但诗人没说的是这个"为时已晚"有其独特的味道和意义。

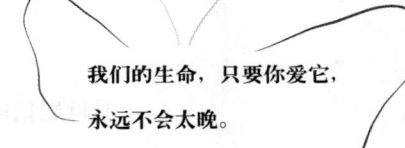

> 我们的生命，只要你爱它，永远不会太晚。

他教会那些想靠一己之力为所欲为的人学会谦卑：控制一切就是蔑视一切。我们自认为可以支配生命，然而却并不拥有生命：我们只是度过一生。这就是为什么这种"太迟了"有一种近乎惬意的感觉：一种淡淡的怀念，意识到自己无能为力，只能安静地看着时间流逝，生生死死恍然而过。我们通常只能用目光追随路上的景色，但这已经好过在混沌中迷迷糊糊地前行。

的确，如果我们希望掌控生命，追求完美的生活艺术，总是会感叹"太晚了"：火车向前飞奔，雌鹿一闪而过。但是我们的生命，只要你爱它，永远不会太晚。火车飞奔而去留下了身后的铁轨，如同波浪擦去了波痕，但只要你向它投去一道感恩的目光，永远也不会太晚。

难以置信的美好

"这太美好了,简直不像是真的!"我们有时候这么感叹。

> **看,我们下意识地认为:真相就应该是令人失望的。**

这表示我们承认自己不敢相信。在愿望猛然实现的美好时刻,我们或许会说出这样的话。然而,仔细品味这句感叹,我却发现我们竟然对美好怀有一种不适应的情绪!这种情绪弥散开来,让我们对本来应该开心享受的美好持怀疑态度。我最近一次听到这种话是从我的一个朋友那里,他和我一样也是哲学教授。他和我说了他对宗教信条的怀疑:"这是真的吗!造物主爱我们每一个人!如你所说'造物主,爱每一个人胜过其他',我觉得这太过美好,难以置信!"

看,我们下意识地认为:真相就应该是令人失望的。"太过美好，难以置信"：我们觉得快乐的本质是可疑的。真相的标准即使不是丑陋的，也应该是索然无味的。如果一个事物只是"美好"，没有特别美好，

这些瞬间就是真实的光芒，是突然兑现的承诺，是专为我们准备的幸福。

也没有完美，我们就会将信将疑地接受它。但如果说这个事物是丑陋的，好，那我们会毫不迟疑地认为，这就是真相。

达尔文的进化论把生命描绘成一种为了自我生存而不断斗争的盲目力量，但反过来假设，也许生命是一种受思想支配的隐秘而耐心的劳作。两种假设，前者未必比后者更有证据。我们曾经被教育成"怀疑大师"，我们总是认同冷酷的、泄气的、令人失望的东西，正如相信萨特（Sartre）的《恶心》（*Nausée*）、卡特琳娜·米耶（Catherine Millet）的《不再说真话》（*Parlent plus vrai*)中那些令人意志消沉的放荡，而不是雨果（Hugo）的《沉思集》(*Les contemplations*)或是托比亚斯（Tobie）和萨拉（Sarah）的婚礼。

总而言之，借用拉康（Lacan）的一句话："真实，就是当我们被撞的时候。"敲碎美梦的东西就是真实的吗？……确实。

**我们不创造美好，
我们撞向美好。**

然而莱昂·布洛伊（Léon Bloy）也说过："我们有时会撞上星星。"我们也会遇到"纯粹的恩赐"，这些无限美好的瞬间浓缩了我们生命的意义和味道。因为这些瞬间如此美好，所以就认为它们是假的吗？我认为恰恰相反。这些瞬间就是真实的光芒，是突然兑现的承诺，是专为我们准备的幸福。在生命最后的3个月，超声波检查室那个高高摆放的银幕舞动着黑白色的旋律，这难道不是不可思议的美好吗？几天前碰到的一位妇女，她在照顾生病的小女儿和外甥之余，还在向愿意倾听她的人述说生活的快乐，这难道不是难以置信的美好吗？而你们，亲爱的读者，你们难道不是难以置信的美好吗？问问那些爱你的人和因为你的存在而快乐的人吧。

生命的奇迹耐心地塑造着一个新生儿。爱的奇迹在我们经历痛苦的地方盛开。奇迹因为分享而存在，这些奇迹就是我们微小生命的真实感受。我们不创造美好，我们撞向美好，撞出了一颗火花，这颗火花诞生出满满的关注，一种和我们的生命更加真实、更加可靠的关系。

生活　相信　爱

全身心拥抱美并不是否认现实,而是向怀疑大师们和他们的门徒,也是他们的受害者揭露一个事实:真实丑陋和失望的一面不是真实的全部。真实永远比我们的失望更宽广,比我们的怀疑更疯狂。我们只需要打开心扉迎接朴素的美。

真实永远比我们的失望更宽广,比我们的怀疑更疯狂。

万物的音乐

※ 没有音乐，生活就是一个错误。

即使不完全赞同,尼采的这条格言还是深深地吸引了我们。是的，音乐是如此美好，如果我们的生活中没有音乐，就像宇宙中的黑洞吸收了一切声响，再也听不到美好的声音。如果禁止了音乐、赞美诗和奏鸣曲，我们的生活就没有了深度。而且，音乐还可以被我们随身带走，随时使用，无论是在耳机里还是在车载电台里，在任何美好的瞬间，我们都可以命令音乐为那些枯燥的东西大变身，无论是千篇一律的高速公路，还是走过千百遍的小道。

还是音乐，标记了我们生活中的种种片段，音乐比香水，比绘画，比我们读过的那些小说更能唤起我们对生活的回忆。我们常常想起那首妈妈哼唱的温柔童谣，想起那首搂紧初恋时耳边响起的情歌。音乐可以融合于任何场景，音乐对于生活是不可或缺的。人们认为音乐和寂静是绑定的，只有安静的环境才能欣赏音乐。实际恰恰相反,是曲谱上的音乐张开双臂迎接着寂静,然后在修道院中把它留住。音乐召唤了寂静,隆重地迎接它,最后在渐渐消失的晚祷的回声中,把位置让给了寂静。

我们充满感激地采纳了尼采的句子,似乎认为这是理所当然的事情。"没有音乐,生活会是什么样?"然而要指出的是,这位德国哲学家认为生活本身就是一个"错误",需要一味药来医治它,这味药就是音乐。尼采认为生命既残忍又空洞,毫无意义:因为会有孩子死去,因为会爆发战争,唯有音乐能够慰藉生命,使人重新焕发生机,让我们爱上这千疮百孔的生活。

生活本身就是音乐。

生命只是音乐的附加?就像音乐的沉默后就是可怕的寂静,就像一块白布掩盖了一具尸体?没了音乐,就只有希望破碎的悲凉凄厉?没了音乐,就只有寂静和噪声?然而音乐家却告诉我们并非如此,音乐需要在震动的和谐规律中才能被创造出来。也就是说,那些我们用来写音乐的音符本来就已经存在于万物之中。一根最简单绳弦的震动就能在其周围散发足以演绎任何旋律的音符,已经被演奏过的，或将来要演奏的。

　　同样，节奏也不是人类创造出来的医治生命的药物。节奏就是世界，存在于循环往复的四季中，存在于一天天的日出日落中，节奏在我们出生伊始就已存在于我们怦怦跳动的心脏，这颗心脏似乎感应到，在令他感动的音乐声中萌发的生命的脉动。我们也可以像雨果那样坦诚："一种思想填满一种绝妙的嘈杂／上帝总会在噪声中掺入意义。"

　　生活是孩子银铃般的笑声，是鸟儿的婉转啼鸣，是雨滴敲打砖瓦的节奏：生活本身就是音乐。和尼采的想法恰恰相反，我们其实可以这么说："因为生活本身就是音乐，因为生活中处处都是音乐的素材，因为触发了不同人的不同灵感，而被创作出了一支支小曲儿或者一部部交响乐，生活不能等同于一个错误。"我们任由生活吟唱，那是一种承诺，有朝一日，所有生命中曾经不和谐的声音终将组合成美丽的和弦。

拉盖尔小姐

※ 万念俱灰!

这个世界要求我们用尽心智地生活：什么是专家？任何一个学科，专家的存在就是为了证明我们永远不能成为专家！这个世界呼唤我们用爱活着：得到庇护的生物之间，可以结成无数的友谊。

但是，我们却经常与自然规则背道而驰。为什么我们总是对宇宙的美丽，对生命的宽广无动于衷？我们是累了，懒了，伤心了？以至于在如此丰裕的盛宴上竟能饥渴而死。

我们害怕什么？我们有多重视恐惧，恐惧就多重视我们。我恐惧地握紧了拳头，怀疑在那个地方有个敌人，而我们本来希望在那里的是一只向我们伸出的手。是的，敌人是有的，恐惧是与生俱来的：当孩子渐渐与母亲分开，当他意识到自己不再是全世界，世界上有"我"和"非我"，有家人，有陌生人的时候，就会产生恐惧。

从这个角度来说，所有的恐惧都是对未知的恐惧。因此我们无法指责这种恐惧：这是对异己性的觉醒，是为自己的世界划出界线。

恐惧是与生俱来的吗？是的！但如果我们想自由自在地活得像个人，而不是活得像个住在洞穴里的动物，我们就得克服恐惧。我们诚然会害怕，但不能活在害怕中，不能把害怕转变为我们灵魂的常态。因为心间常驻恐惧，我们会丧失惊喜和赞叹的能力。因为害怕一无所有，害怕被人当成傻瓜，害怕被骗，我们忘记了可以天真地，充满诗意地，带着烧炭人的信仰和孩子的活力，走向这个世界。来，让我们站得更高些，尼采、弗洛伊德（Freud）是公认的"怀疑大师"。他们到处制造敌人、操纵和斗争，以至于我们都要怀疑他们到底是大师还是奴隶。

因此我们不得不呼唤信任的清流。也许这个像寓言一样美好的真实的历史故事可以帮到我们，故事是这样的：

因为怕被骗，我们忘了可以天真地走向世界。

拉盖尔小姐①和她的情人经历了一次激烈的争吵。一天晚上她穿着戏服就从歌剧院冲了出来，她一边哭，一边没头没脑地向乡下跑去。她哭了一夜，但是在清晨来临的时候（那是一个夏天），她唱了起来，用她那赢得全巴黎人喝彩的美妙的歌声歌唱曙光。农民们发现了这个美丽的女子，她穿着华美的衣服，散发着独特的气质，他们惊异于这个女人优美的动作、曼妙的身材和美好的声音，把她当成了圣母玛丽亚或是天使，纷纷跪在她面前。要知道，这是启蒙运动时代，是1778年的巴黎城郊。②

无论是城市性（靠近巴黎），还是对理性的盲目崇拜（启蒙运动时代）都不足以阻挡农民们臣服于超自然的美好。也许只有孩子的思想才能与之接近。

---

① 玛丽-约瑟夫·拉盖尔（Marie-Josèphe La Guerre，1754—1783）是歌剧演员、歌唱家，当时以坎坷而放荡的生平而著名，现被认为是一个有品位的收藏家，她收藏的瓷器餐具和家具现藏于世界各个博物馆。
② 出自安德烈·勒-布雷东（André le Breton）《新的发现：里瓦罗尔，他的生平、思想与才华》（*Rivarol, sa vie, ses idées, son talent, d'après des documents nouveaux*），阿歇特出版社，巴黎，1895年。感谢皮埃尔·杜罗让我发现这个美丽的篇章。

重 逢

※ 这是一个大胆的假设：只有重逢才是喜悦。

重逢处处皆是，或是在节日前夕的火车站，或是在焦急不安的候机大厅，或是在道路的拐角，重逢是刹那间纯粹的喜悦。相互思念的人们在重逢的时候，喜悦绝对不会缺席。

"我好想你！"就是说，你的离开是我心中的痛楚，因为我心里的幽深之处有一个只属于你的位置，只要你愿意就可以进来温暖它。当这个地方空着的时候，我们的友谊之声在这里回响，我们的美好回忆在这里寂寞回放。现在你就在这里，我紧紧地抱住你，使劲儿把你揉进我的心里，也许真的太紧了。我不是想禁锢你，不让你离开，而是想紧紧地抓住这个美梦，不想醒来：你真美，美得简直不像真的。

我太激动了，行李都掉在了地上，怎么都找不到车钥匙。我太高兴了，一边说"你变化真大"，一边说"你一点没变"！没变的是我对你的爱，无论时间和距离如何改变你我，我都会一如既往地爱你，接纳你。

每一次重逢里都有喜悦，那么反过来也成立吗？首先这是成立的：因为喜悦是一种重逢，所以每一次重逢都是喜悦的。怎么会这样？在喜悦和我们期待已久最后终于发生的重逢之间有什么联系吗？

是的，每一次喜悦都是重逢。

我们来分析一下美学上的喜悦是什么。举个例子，也许就像一个男人与世界上最美的女人的重逢。他日日思念那个惊鸿一瞥的美人，突然有一天，在灯火阑珊处又看到了她，美丽如斯，连周边景色都熠熠生辉。再比如一个智者在苦苦思索一个问题时，突然醍醐灌顶而狂喜，问题的解决方式来自他找到了自己的智慧，这对于他来说并不陌生。阿基米德（Archimède）光着身子在街上狂喊是因为找到了人类和宇宙的智慧。

是的，每一次喜悦都是重逢。我写完这一篇文章后，欣喜于我能用词语完美地表达我的思想，我的思想也能完全体现在我用的词语中。每个新颖的创意（每个重逢）都是与方向，与声音，与思想和词语的重逢。
那么,所有喜悦的喜悦,
即我们所说的"生活的
喜悦"到底是什么呢?
是我们的期许和我们所
拥有的生活的共鸣。圣

> **即使我们尚不能迎接考验,至少也要不时地让喜悦把我们抱在怀里。**

奥古斯丁(Saint-Augustin)说"幸福就是珍惜我们所拥有的",这就是与我们的人生讲和。我曾经对我的生活大动肝火,但现在不这么做了。我曾经丢失了连接我的善行与世间美好事物的丝线,现在我把这条线捡了起来。当我们重新找到品味生活的兴趣,我们会不会这样对它亲密私语:"再次见到你真好。"

如果喜悦的本质是重逢,我们是不是该把每时每刻都过成心里思念的样子?每时每刻,哪怕是痛苦的时候?西蒙娜·魏尔(Simone Weil)告诉我们"无条件的幸福是存在的"。在经受考验的时候也要去感受爱:那将是一个充实的自我,痛苦对于我们就像是久违的老友紧紧的拥抱,也许只是太紧了些。

即使我们尚不能迎接考验,至少也要不时地让喜悦把我们抱在怀里。

Vivre, croire et aimer

阿德里安的抗议

※ 阿德里安，坐在教室的最后一排，漫不经心地听着我的课，很不赞同的样子。

他的中学毕业会考失败了，因为没有认真备考。他第二年重读哲学，我是他的新教师。这就是留级的好处：用一种全新的视角来看毕业班的课程，两种不同的角度，有利于磨砺批判性思维。

理性是创造的工具，而不是毁灭的武器。

阿德里安的批判性思维像刀锋一样锋利。去年他的哲学教师是唯物主义者：似乎所有值得尊敬的事情都已经被巧妙地转化为简单的现实。生命？只是一个偶然。爱情？不过是生存的本能。宗教？被统治人民的鸦片。在一个物竞天择的世界，唯一不能被批判的就是理性。或者更确切地说，理性是一种工具，专用于破除偏见。

经过一年的狂热的唯物主义教育,阿德里安已经没有了幻想。我想把幻想的能力还给他:因为理性是创造的工具,而不是毁灭的武器。理性与其说是偏见的敌人,还不如说是隐藏在偏见中真理的同盟。我在课堂上探讨"公正"——一种需要说出来的真理——这个词的意义时,阿德里安毫不掩饰地长叹了一口气。我问他:"阿德里安,你觉得公正一点意义也没有吗?"阿德里安用手指骨砰砰地敲着桌子,回击道:"先生,对于我来说,只有唯物的才是真实的。"他上学期学得很好!我没办法指责他,只能迂回一下。

"奥西安娜,出去!"教室里一片寂静,所有人都看着我,等我讲话,"对,你没听错,我觉得你打搅了课堂秩序。我知道,我感觉到了!"奥西安娜结结巴巴地表示抗议。教室里开始窃窃私语,质疑我疯狂的行为。

好在实验只持续了几分钟。奥西安娜放心了。我转向其他同学(一副沉思的样子),说道:"只有唯物的才是真实的。如果真是这样,那'公正'岂不只是一个空洞的词?那么刚才我要把奥西安娜赶出门去这件事,你们今晚回家会不会和父母说?还是你们只想与父母分享教室里那些能看得见摸得着的西蒙娜·魏尔:"人心的结构和星体的轨迹一样,都是宇宙物质中真实的存在。"

东西,比如墙壁、椅子、桌子、地板和天花板?我想说的是,我们周边不仅仅只有物质,还有公正这样的理想,如果公正不存在,今天我对奥西安娜的作为根本不会引起你们的关注。"

教室里鸦雀无声。"灵魂和自己沉默的对话。"柏拉图说。

"公正和这张我敲一下就会响的桌子,哪个更真实?公正不是物质的,但它是切切实实可以被感知的,它会对我们的身体产生影响:一种胸腔内集聚的不适感,一声从喉咙里呼之欲出的呐喊⋯⋯"

我不知道阿德里安是不是从唯物主义的重压中稍稍解脱。我只看到,他后来记下了我经常想起的西蒙娜·魏尔的话:"如果强大的力量是绝对的主权,正义就是绝对不真实的。但并不是这样。我们实验过。正义在人的心灵深处是存在的。人心的结构和星体的轨迹一样,都是宇宙物质中真实的存在。"[1]

---

[1] 西蒙娜·魏尔(Simone Weil),《扎根》(*L'enracinement*),伽利玛出版社,巴黎,1949年,第306页。

慎重选择

❋ 我的一个朋友移居到我所在的城市,他要在这里安家。

我毛遂自荐陪他去买安家的东西。我们来到商业街中心的一家庞大的商店,在它巨大的铁皮顶下或展或卖的东西就像是搬空了一座城市而后重新把它们安放到另一座城市,我们很快迷失在这里。

我懒得看他寻找最佳性价比的儿童床上用品,或者犹豫着要不直接买张双层床。我不禁问自己,比较的目的是什么?为了省30欧元还不如节省2平方米的面积呢,要知道房间才20平方米。他这么纠结的目的是什么?我让他快点做决定,好省点时间在回家路上喝杯啤酒好好犒劳自己辛苦了一整天。"有什么用?"他一边全身心投入地买东西,一边问我,正好他夫人又打电话来问他事情办得怎么样了。"有什么用?"也对,在进棺材之前多喝一杯啤酒或是少喝一杯有什么区别?还是这个问题:人生的目的是什么?

Vivre, croire et aimer

目的，人生本来就没有目的：我们出生，长大，获得爱的力量和有所建树的能力，然后再慢慢失去，直到归还所有。那些与朋友共享的啤酒最终将蒸发在记忆中，而那些精心挑选的家具最后的归宿不过是垃圾站。获得，然后失去，这个过程的目的到底是什么！

这就是我身处这个地方时所有的想法。

我的朋友还在和他的夫人打电话，我趁机躺在皮沙发上继续我悲伤的思绪。幸好在这四处都堆放着杂物的商店里还放着一首歌，歌声温暖着我的心窝。

我于是决定看看书，我外套的内袋里正好有一本一个朋友送我的俄罗斯作家写的书，这位作家叫亚历山大·埃尔森（Alexandre Herzen），是19世纪的一个女仆和其情夫的私生子。孩子的父母给他们爱情的结晶起名为"埃尔森"（Herzen，德语Herz是"心"的意思）。在一本叫《彼岸》(*L'autre rive*)的书中，这位非婚生孩子问道："什么是歌曲的目的？歌声从女歌唱家胸腔里诞生，然而随即就死去了……"这让我更加深思我的那些"有什么用"……那么，帮我战胜无聊的歌声到底有什么用？书的作者继续写道："如果你不满足被歌声唤醒的愉悦，那么就坚持去寻找别的东西吧，去等一个结果，等到歌手停止歌唱你就知道了，只有遗憾。与其一直等待其他事情，倒不如好好欣赏歌曲。而你没有欣赏到歌曲，也永远不知道自己在等什么。"①

一个简单的道理！我为什么要在这个忧心忡忡的朋友身边痛苦地过一天，而不是体谅他的处境呢？不问这么多"为什么"，只是陪在他身边，倾听他的问题，就像倾听一首歌曲一样。当我的朋友挂了电话，抱歉地对我说："说到啤酒，我们还真得去一趟超市，因为我家没有尿布了。"我说："没关系，我认真地倾听我们友谊的歌曲。"他很惊讶，又很好笑，但是他不知道我已经解决了"为什么"的终极问题。

好好选择：让我们好好享受生活，而不要总想着去证明它。

让我们好好享受生活，而不要总想着去证明它。

---

① 雅克·德维特（Jacques Dewitte）在《自我展现——功利主义的哲学批判因素》（*La Manifestation de soi - Éléments d'une critique philosophique de l'utilitarisme*）中引用过，发现出版社，巴黎，2010 年。

生活 相信 爱

小故事

我们有很多人,大概80多个。让·阿比纠正道:"没有80个。"他对数字很敏感。在这个狭长的走廊里,可以看到来自公司所有部门的工作人员。我们之间没有任何相似之处,只有一点相同:每个人都收到了会见通知。这是一份实名制的神秘通知,更准确地说是用名字,而不是用姓来称呼我们的。比如说,我的通知上写道:"让娜,您好!今天下午三点到我办公室。"更奇怪的是,这份召见通知上的署名是"董事长"。能够面见大老板实在是太难得了!我们在董事长办公室专属走廊的最深处看到过他的肖像画,抽象的,目光中透出了慈祥。下午两点的走廊上也没人议论那张脸:四十岁左右的,传统的,亲切的,"董事长"的脸。

因为他太神秘了,一些人称呼他"那个人",一些直接称呼他为"神",还有一些则用最聪明的方式,叫他"伟大的建筑师"。几个工会的同事,尽管意识到有可能被监视,还是把他比作"老大哥"(big brother)①。也有一些人则断定这个董

---

① big brother,英文表达,直译为汉语便是"老大哥",出自乔治·奥威尔的名著《1984》。另有真人秀节目《名人老大哥》(*Celebrity Big Brother*)。——译者注

事长不存在，现在公司的负责人是几个股东，因为公司的体量已经太庞大了，靠一个董事长根本无法掌控。

然而，董事长亲自给我们开了门，让我们进了会议室。会议室并不大，刚好容纳下我们所有人。

生活 相信 爱

永恒的青春

生活希望我们永远年轻，但不是我们认为的青春。

只有衰老才能让我们永葆青春。

我们费尽心机不想变老：只想生活在春天，却不知道生命之花处处开放，我们其实拥有另一个不容忽视的春天。我们不愿意看到在花朵优雅舒展花瓣之时，我们的皮肤平添一道褶皱。但是，我们忘了，只有衰老才能让我们永葆青春。

这是什么意思？衰老是年轻的条件？我认为是的。什么是年轻？我们羡慕年轻人什么？他们的无忧无虑？不一定，我们慢慢变老时，却总会怕失去和这恼人世界的联系：每天看早报是一个健康指标。我们羡慕年轻人的其实是他们的活力吧？年轻人是春天的生命，生机勃勃，如同早上从床上蹦起来的孩子，就像年轻的统帅，总是走在时代的前沿。年轻就是灵活，知道适应环境，不像"老古董"。

年轻的秉性更倾向于思想而不是身体。也许你已经见过年轻的夫妇在超市或大卖场上因意见不合，像上了年岁的人一样为小事大吵大闹。有多少年轻人发誓永远不要孩子，称之为永不"妥协"……殊不知，实际上他们只是不愿意改变自己学生时期的夜猫子习惯而已。

幸好，生活从来不让我们安静。

幸好，生活从来不让我们安静：时间并不宠溺我们，不断把我们从一个年龄段推向另一个年龄段，不管我们愿不愿意。尽管有一些人不愿意变老，时间也会（而且尤其）在他们身上刻上痕迹：他们身穿皮夹克，身边的新女友总是二十多岁，但是皮夹克和女友这两样恰恰暴露了他不断重复的人生踌躇不前，因为害怕死亡，不敢勇敢地向前走，不愿成熟。

要想真正拥有年轻，就必须接受时间的流逝，接受时间在我们的皮肤上留下痕迹，就像时间为我们开路，也给我们处处设置挑战。我们不可能留住青春，我们注定要不断适应不同的年龄段，中年，老年或者其他，我们注定要从害怕、担心、早

Vivre, croire et aimer

衰的情绪中摆脱出来去面对每个年龄段不同的生活，做我们一生中该做的事。

生活中的爱最能反映这一点：20岁的一见钟情和10年夫妻的恩爱完全不同；60岁获得的爱和70岁的爱也不一样；要维持50年柴米油盐的夫妻之爱，是需要多么年轻的心态！

年轻无关年龄，年龄也不是年轻的敌人，而是随着年龄一路出发。年轻是每个生命对自己的一次次认可，年轻是一种用年龄滋养灵魂的艺术。青春之泉离我们并不遥远，只要我们用心追随泉水的流动。

年轻是一种用年龄滋养灵魂的艺术。

受人欺骗

※ "应该消灭乞丐,"尼采说,"我们为施舍他们而感到恼火,也为不施舍他们而感到恼火。"[1]

我们怎么能不同意这种说法呢?虽然前半句还值得推敲,因为我不知道尼采是不是说消灭乞丐同时意味着消灭不幸和贫穷……但有些人施舍乞丐时感到高兴,也有些人因为没有时间,没有零钱,匆匆离去时抱以歉意的一笑。直到有一天,我们住的这座大城市把我们完全武装起来,我们施舍时不再恼怒,因为我们已经不施舍了,我们不施舍时也不感到懊恼,因为我们已经视而不见了。

也许我们是有理由的,如果施舍1欧元,太少了,或太多了。对于乞丐,1欧元也是一笔永远还不起的债务。路人永远比乞丐高一等,无论是施舍他们金钱或者是漠然走开。这种关系是

---

[1] 尼采,《曙光》(*Aurore*),第315节。

不平等的：他想要我的钱，或者这完全是我的一片好心。而且，我的慷慨解囊或许是被骗了呢？他拿着我的钱做什么去了？不会是喝酒吧？

我还记得我曾是个穷大学生的时候碰到的一个妇人，她双手比着十字，求我给她一笔钱买尿布。为了证明她不是骗子，她还让我直接去买尿布。我当然没有这么做。"多少钱？"我问她。"7欧元多一点！"晚上我妈妈给我打电话问我："你的钱够用吗？""我今天给了一个女人7块多欧元，她要买尿布，她不是骗子。"我妈妈是社会工作者，她让我描绘这个诚实的女人的样子，然后她告诉我："这个女人垄断了我这个片区贩卖尿布的生意。"她还建议我，如果要施舍别人的话，还是施舍给那些醉鬼流浪汉，因为没有什么比一个缺酒的醉鬼更难受的了，而且他们这些被抛弃的人知道什么比无能为力更加痛苦。

我被人骗了。似乎没有什么比被骗更让人狂怒的了。被骗，从字面上理解就是被人消费了，吃了……不过，回过头认真想想，被人拿走有什么可害怕的？只要你内心有爱，你已经得到了一切。

不要害怕任何失去，包括那些实际上控制了你，你却视为珍宝的财富。是的，我们到处受人欺骗：在家里，你宠爱的孩子们通过撒娇骗取了你的爱；在公司，被雄心勃勃的老板要求做得更多；在路上，被狡猾的乞丐骗钱。但正因如此，你才越来越像自己的主宰。当然，你的能源不是无穷尽的，所以还须谨慎。但也不要太吝啬，因为别人从你这里得到的，你也能从他人那里要回来：每个人都会被别人欺骗。你看，事情也不是你想的那样不公平。

停车场思维

※ 我做一个大胆的假设:

所有的信念,即使非常离奇,最后也会变为现实。

你们需要一个例子?如果认定人类是无数偶然和生存天性造成的进化的灵长类,那么我们很可能最后真的变成那样,像一只或多或少得到进化的猴子到处寻找可能的机会,或者屈服于现状偏安一隅。也就是说如果我们认为自己是什么样的人,最终就会变成什么样的人。

同样,如果觉得智慧是尽可能快地获取信息(相反,思考就会减慢速度,思考是为了得出好的想法,或者是创造新的念头),混淆了思考和获取信息的概念,我们的思维方式最终将被搜索引擎代替,甚至我们相信能和搜索引擎一起创造出初级人工智能。如果你认为思考便是如此,你只要拥有谷歌即可。

最后一个例子:如果你认为治疗就是用药,无论谁的陪伴都是一样,那么一个机器人就足够了。其实现在高级疗养院正充斥着机器人:机器人正在演绎我们对人类关系的想法。

> 既然我们不能活在别的时代,那就学着爱上当下这个时代吧!

把我的假设更推进一步:所有的想法都会实现,变成我们的发明创造或日常行为。帕斯卡尔(Pascal)的名言解释了我的这一假设:"我们要努力好好地思想;这就是道德的准则。"

这个想法是我在商业区一家超市的停车场等我夫人的时候产生的。我很高兴逃脱了买东西这件苦差事,但又不喜欢待在这千篇一律的停车场,这个可怕的到处都是重复几何形构造的停车场。

突然,我在这个停车场里想到了伽利略(Galilée)和笛卡尔(Descartes)在现代起源之初提出的对空间的定义:"空间是无尽的延伸,在其上有物质的行为。"这两位现代科学的创始人用几何状、中性的千篇一律的空间代替了中世纪充满象征和个性的世界。古时候的建筑是形态各异、高低起伏的:有天有地,有中心有环绕,有圣地有世俗区。而现在我们的地方却是一片没有边际、没有界限的延伸,只能用横竖坐标来确定,因为这样定位才是最方便的。

Vivre, croire et aimer

因为我们的想法终将变成现实,我们对于空间的概念也有了现实的体现:古时候有先贤祠和罗曼式艺术,现在的小乡村已经衰败了,取而代之的是方块形高楼组成的城市。我们的祖先有巴黎圣母院这个独特的建筑精品,而我们现在有冰冷的戴方斯拱门,在其之下,巴黎圣母院的全景一览无余。

总之,对于空间的概念导致了水泥建筑拔地而起,我们不再只局限于生活区域:优先商业发展区、优先城市化地区、教育优先发展区。然而,在这没有象征性建筑的世界里的唯一象征就是停车场,它的无限延伸。

我太太买完东西来敲我的车窗,打断了我悲伤的沉思,她说:"来帮我搬东西。"我看见她手上拎着的一个购物袋里露出了一个半成品炸鱼罐头,长方形的,几何状。太太看出了我眼中的闷闷不乐。"这是中午吃的,"她说,像是在道歉,又补充道,"孩子们特别喜欢。"

是的,孩子们喜欢吃这个,而我太太也会为炸鱼做一种特别的调味汁。这当然不是最理想的。但是既然我们不能活在别的时代,那就学着爱上当下这个时代吧!

此时此刻

※ 我们不是学说话，而是活在语言里。

孩子在大人的交流环境中长大。我们被语言所包围，而语言有时也会让我们惊讶：什么时候孩子的小嘴巴里不再发出哭喊和呻吟，反而是标准的声音、清晰的话语、沉稳的语调和明确的指向？孩子想说话了：他们开始咿咿呀呀。

我们对语言既熟悉（语言无处不在）又陌生：首先它不是属于我们的。外在的语言，需要我们把它变成自己的，没有点野蛮的消化吸收是行不通的。所有的孩子在开始学说话的时候都会说一些自己发明的、不完全准确的话语。谁说成年人不是在一直学说话呢？我们经常自问，怎样才能在不断变化的语言中永远说得正确？我常常听到"好的统一格式"，而不是更复杂一点的表达，即"合适的、正确的统一格式"。这两个说法有区别，但意思也差不多。

最有心的父母会为语言编档，收集这些不正规的语言、新词或近义词，以及过时的表达方式。有个学生一边批评拉瓦锡（Lavoisier），一边指责科学教授揭露自然界秘密的疯狂趋势，说："没什么神奇的，也没什么秘密，一切都会变化……"而我的小女儿喜欢把"蜘蛛网"误说成会结出玫瑰色的晨露的"蜘蛛星星"①。我大儿子更喜欢食物，他爱吃爆米花，但他说喜欢吃"牛角皮"②。牛和玉米确实有联系，于是我们边看电影边吃着刨碎的"牛角皮"。我的小儿子则喜欢花园里成串的红浆果，他称其为"大眼睛"……

还有一些日常语言的小错误，不值得一提。但我小时候对一个词始终把握不了。我给家人讲故事的时候，为了突出情节，经常说"那会儿"，我妈妈总是更正我说："你应该说'突然'。"但是我改不了，即使到了现在，我叙事到动情之时还会用这个词。

最后，我妈妈发现我实在改不了，就和我达成一个共识。从此以后，我用"就在这个时候"代替"那会儿"。这回好了，"超人感觉到有什么事要发生，那会儿，有个坏蛋正要扑向他。"哦不，应该是"就在这个时候，有个坏蛋正要扑向他。"这么

---

① 蜘蛛网（toile d'araignée）误说成蜘蛛星星（étoile d'araignée）。——译者注
② 爆米花（pop-corn）误说成牛角皮（peau de cornes）。——译者注

说好多了，差不多就对了。

　　我最近有一个愉快的偶遇。我偶然碰到了我的一个朋友。那时，他口袋里只有买两杯啤酒的零钱。适逢暮光西斜，旁边有个小咖啡馆，它的小露台刚好摆下一张桌子和两张椅子。我们坐下喝啤酒，就像是店家的私客。啤酒上来了，我们举起了杯子。但是我们为什么干杯？没任何理由，只是感受到了欢乐，这突如其来的欢乐就像是坏蛋突然在超人头上打了一下。还是回到这个表达方式上来，"就在这个时候"，就是现在，庆祝的时候，我们不是为了健康干杯，也不是为了法国或者世界和平，而是为了"此时此刻"而干杯。

简单生活

❀ 我们要"无拘无束"地生活。

当今社会谁能藏得住？我们到处在暴露自己。无论在办公室里还是在岳父母家，我们毫不隐瞒自己喜欢吃这种或那种糖，喜欢哪个愚蠢的电视节目，喜欢哪个超级贵的化妆品品牌。我们几乎有一半的时间在暴露自己是谁，喜欢什么，不喜欢什么。尼采说："和罪恶斗争的最好方式，就是不相信有罪恶。"按照这句话，21世纪的人要么活得毫无拘束，要么万分谨慎。现在不流行"要活得幸福，就得低调"而是"要活得幸福，就得随意地活，就得放松地活"，就是说我们的知廉耻就像是一个关着我们隐私的监狱，我们要从中挣脱出来。

你也许会感觉到在与束缚的殊死搏斗中，受困其中如虱在身。有一个品质形容词常常出现在耳边，那就是"毫无拘束"（décomplexé），它被看作"受到束缚"（complexé）的反义词。然而我认为"受到束缚"的反义词不应该是"毫无拘束"，而应该是"简单"。如果我们要战胜复杂和混乱,只有"简单"。如果"受到束缚"的意思是说某个人陷入了生活的褶皱,那么"简单"就是在说某个人像被风抚平的帆一样毫无波折。逻辑上,"复杂"的反义词就是"简单"。

我们都希望过上无拘无束的生活,那么无拘束的生活真的就是简单的生活吗?

我们希望活得无拘无束,结果恰恰让生活充满麻烦。

有个朋友的妈妈总让他遭遇尴尬,他和我讲了这个故事。他妈妈不知道接受了什么疗法,说要和自己"内心深处的自己"和解。弗洛伊德告诉人们"要坦承一切",所有的一切都要讲出来,哪怕是性高潮。她母亲平时是一个很自尊的人,现在不但开始讲低级笑话,还毫不遮掩地打嗝放屁!我朋友和我叙述这些事的时候,我听得都尴尬不已。

也许我们希望活得无拘无束,结果恰恰让生活充满麻烦,烦人烦己。就像一个主人为他仆人的行为感到羞耻,并当众羞辱他,这恰恰让我们看到了一些主人平时隐藏的性情:无拘无束不是不知廉耻。同样,知廉耻也不是简单地羞于见人。当我们有廉耻心，我们学会了遮掩。但是如果做了羞耻的事而不去遮掩，如同放纵了偷窃者的行为。

真正对自己的人生去繁就简，不是毫无底线地说出所有秘密，也不是消除一切焦虑，而是承认我们有秘密，会焦虑。同样，最好的人生也不是无忧无虑（死亡或者冷漠不容忽视），而是不要为不需要烦恼的事而忧虑，简单生活，不给自己设置太多禁忌和界限，与焦虑和谐共存。要清楚地知道并承认，虽然不需要当众说出来，自己总有害怕的和做不到的事情。

谁没有遇到过"窘迫"的事？高高兴兴地接受它吧，带着微笑，礼貌地接受。人生有两种束缚和尴尬：一种是太绅士，容易与人生出距离感；一种是无限的放纵，破坏了人与人交流的安全距离。

小故事

  他与肖像画上的样子很像,尽管面部线条有些差异(年龄的原因),但洋溢出来的善意非常神似。他开始叫我们的名字,并不是"点名"而是"打招呼",虽然两者之间的差异很小。他一个一个地叫我们,先在人群中找到他打招呼的对象,然后目光在我们脸上停留一小会儿。我注意到,所有人和他眼神交汇的时候都没有低头或者看别处。西尔维娅说:"这是因为大家都好奇老板长什么样。"我却不这么认为。老板温柔的目光才让我们这么放松。"我请大家来是要给大家一项特殊的任务。"他说,"私人的请求。请认真听我说。这不是一个升职的机会。例如您,吉贝尔,您还是在货物部。您,贝阿特丽丝,还是在实验室。让娜,您照例在人事部帮忙。你们的工资也不会改变,我给你们增加一个任务。"我盯着工会成员萨巴斯蒂安的眼睛,因为工会成员们一般会敏锐地抓住能让老板和工人产生分歧的机会,但这次他没有抗议,有些新的事情要发生了。

第二章

行 动

Agir

推门的策略

※ 随着年岁增长，我学会一件事：顺从。

我年轻的时候，只要有什么事不顺我意，那肯定是别人的问题，不会是我的。我就像是在大人的腿上磨蹭撒娇、不达目的不罢休的孩子。我还强迫人家接受我的想法，如果不同意，就会受到我的诅咒。多少次我咒骂家具的尺寸和摆放它的位置不相匹配。多少次我着急时会抱怨孩子衣服上的纽扣太多，太麻烦。多少次我这个年轻的父亲责骂孩子吃糖太多，太娇气。多少次因为我蹩脚的逻辑，错拆了不少电路。因为我的格言是："先行动，再思考。"

这确实是我的格言。它是我不可或缺的朋友：我毫不怀疑地爱上它并向别人展示它最美好的一面——我认为想得太多就会害怕。在行动上也是如此，如果我们对一个问题考虑周全，会不会就不敢做决定了？而且我们通常不知道考虑到什么程度才算周全；因此，我们要大胆地迈出去，跳下水，然后再思考。

我信奉的是：没有比马上做决定更重要的事了，先行后验，体验"无知"带来的欢喜，就像圣贝诺特·约瑟夫·拉波尔（Benoît Joseph Labre）所说的"如果要自己考虑好一切再行动，我们就会忘了和周围的人说爱的理想王国就在我们身边"。

"先行动，再思考"……但绝不勉强，这就是我最近改变的地方。我不再诅咒家具不符合尺寸了，也不指责孩子们的奇装异服了。我学会在行动的时候适当顺从，也在顺从的时候不忘行动。我行动的时候发现了绕不过去的问题，那我就心平气和地承认问题的存在。然而，这些问题并不会阻碍我到达目的地。

我讲个亲身经历的事来证明这一点。我需要给斯特拉斯堡的道明会[①]修道院做一个讲座，但我搞错了时间，我在修道院入口处的长廊下面等着。外面很冷，这时我看到有个走廊亮着灯，我禁不住推门进去避避寒。我推开门，大厅里一片寂静，什么人也没有。但是我记得开会地址就是这里啊！怎么办？顺从，不勉强但积极行动。我试着推开一扇门：关着。我不坚持。又

[①] 道明会（拉丁名 Ordo Dominicanorum，又译为多明我会），亦称"布道兄弟会"，天主教托钵修会的主要派别之一。会士均披黑色斗篷，因此被称为"黑衣修士"，以区别于方济各会的"灰衣修士"，加尔默罗会的"白衣修士"。——译者注

试了另一扇门：还是关着。
再试第三道门：开着。继续
前行。再推一扇：也开着。
我就这样来到了内院，在寂
静的夜色下，院里的景色异
常美丽。不远处就是楼梯，
我面临两个选择：上楼或是折返，于是我选择了上楼……又是
一扇门：没有上锁，我就这么推开了它，竟然来到了修道院的
餐厅，穿着盛装正在吃饭的修士们看到我都惊讶地睁大了眼睛，
好像我是个小偷，但是又奇怪小偷为什么在这个时候到来。"晚
上好，抱歉，我是今天的讲师……"

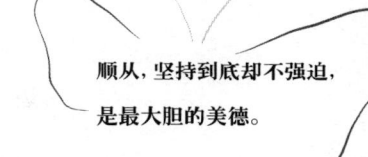

然后一切恢复正常：在街上等我的修士回来了，我和他们
一起共享了被我中断的晚餐。他们也了解了只要推几扇门就可
以进入修道院。而我，顺从当时的情况，没有强迫也没有着急，
大胆行动达到了目的：我从又冷又下着雨的街道上来到修士们
中间吃了一顿饭。这不是对我顺从却大胆行动最好的赏赐吗？

> 顺从，坚持到底却不强迫，是最大胆的美德。

迈 步

※ "我的老师说，迈步就是拯救了一次跌倒。生活都是痛苦的。"

斯塔尼斯拉斯·布雷东（Stanislas Breton）在他的《耶稣受难和哲学家》（*La Passion du Christ et les philosophies*）一书中说道，"人类终生在和地心引力做斗争"，"直立"就是这个长期斗争的成果，因此，孩子摔倒和受伤后仍然想要站起来，是多么美好啊！

> 迈步，与其说是迈向跌倒，不如说是迈向飞翔。

我们是不是总说"保持"直立，似乎这件对身体有益的事情并不总是理所当然的？事实上，随着年龄的增长，我们会萎缩，背负的生活重担压弯了我们的腰，使我们离终将埋葬我们的地方越来越近。我们勇敢地和地平线做斗争，每天早上赶走疲劳，迈向新的一天。要做到这一点，我们必须不断地避免摔倒，尽管地球对我们有致命的引力，尽管一些陡坡增加了我们的困难（懒惰，绝望，疲劳……）。正如阿兰（Alain）所说，"生命是一项必须直立完成的工作"。在这个"必须"里，有斯塔尼斯拉斯·布雷东说的痛苦。是的。迈步是拯救了一次跌倒，而且"生活都是痛苦的"。

拯救了一次跌倒，征服了一次重力：迈步仅仅如此而已？它只是一种不会倒的奇怪的艺术？这种定义是消极的，我们来看看它的对立面是什么。仔细瞧瞧人是怎样迈步的：在脚踏上坚实的地面之前，在还没拯救一次跌倒之前，身体有一个向上的动作——弯曲膝盖，抬起腿，身体前倾失去平衡，然后脚跟放下，接着是脚尖，这就是迈出一步。因此，身体向上抬起是第一步，重新找到平衡的落地也不是最终句号。迈步，与其说是迈向跌倒，不如说是迈向飞翔：一个小小的步伐，也需要面对失重，为了走向更远而使身体暂时失

如果生活是痛苦的，那么我们可以通过这种痛苦开辟出一条生命的道路。

去平衡。一个小小的步伐也是战胜恐惧的赌注:学步的孩子最清楚,当孩子成功地迈出一步,地面不再避开他,而是展开在他跌跌撞撞的步伐下,他会有多大的成就感啊。

其实学习走路就像学习游泳:跳下水去。我们在重回大地之前必须拥抱空虚。这是生命的教训:只有付出失去平衡的代价才能前行。当我们对这个疯狂的信任不再敏感时,我们才能走路。一个纯粹的怀疑者是永远不敢迈出一步的,因为他害怕跌倒。因此,最好的鼓励就是这个命令:"站起来,走!"

迈步远远不只是拯救一次跌倒,它原本是飞翔的勇气。如果生活是痛苦的,那么我们可以通过这种痛苦开辟出一条生命的道路。

我们的超能力

※ "爸爸，我也想要超能力。"

儿子的左手拿着蜘蛛侠，右手拿着身穿红色斗篷的超人。"你的意思是你还想要其他东西吗？"我问我儿子。他皱着眉说："为什么不？难道我已经有超能力了？"是啊，他当然有，而且有很多。要穿过墙壁，必须首先看到墙壁。视觉，我亲爱的儿子，你会发现：视觉是多么非凡的力量！它让你与世界接触，同时与世界保持一个适当的距离。蜘蛛侠也一样：为了推出蛛丝，他必须有手。看看你美丽的双手，既强健又精细！

我的儿子撅着嘴，不太相信。"但他们，他们有更多的超能力！"更多？的确，但这个"更多"的超能力要实施，是有条件的，这些限制条件可不怎么样。比如：

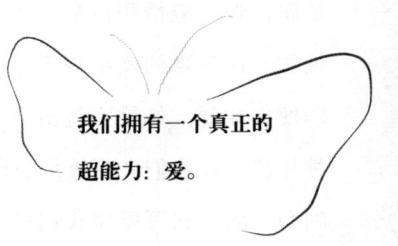

我们拥有一个真正的超能力：爱。

如果超人只能穿墙,那他会穿破路上的一切。如果蜘蛛侠一张开手就喷蛛丝黏人,那么只有黏到坏人才是做对了事。张开的双手能给予,却只能给予手能掌握的空间,这就是超能力:珍贵而稀有。毫不起眼的能力才是真正的超能力,拥有不随时施展超能力的能力才是珍贵的。当然,"能做大事的人小事也能做好",英雄总是拥有比一双手和两只眼睛更多些什么。但是,你是否注意到,英雄只有甘于做小事,才会成为真正的英雄。如果他们不能变成正常人隐藏于芸芸众生中,做普通人喜欢的事,把普通人放在心上,那他们就不会吸引我们。顺便说一下,超级英雄一般都不能操控心灵(蜘蛛侠和超人拥有真正的洋蓟之心)。

"但是爸爸,我们生出来就是为了来冒险的!"其实,我们都是冒险家,只是我们不知道。因为我们拥有一个真正的超能力:爱。想一想,我们一生要经历各种考验,规划人生道路,征服仇恨、懒惰和自私,敢于承认错误……与此比较,蜘蛛侠拯救一次失事的飞机并不怎么稀奇。总而言之,救人这件事,即使再壮观,如果不是出于爱,那有什么意义?如果说爱是一种超能力,我们会更好地发现:爱能使人脆弱。爱不讨厌破碎的心,因为它可以使我们对人类美好的事物更加敏感,正如我们极力不发现美，不展现美。当然也有爱本身被超越的时候。有一种爱会超越爱我们自己，"超越爱自己"的意思就是"爱比爱更强大"，爱超越了它本身。因此，爱是一种超能力，也是一种超无力。爱是一种被生活感动的艺术。"那爱仍然是一种超能力吗？"我的儿子担忧地问道。是的，因为爱，创造的不是英雄或超级英雄，而是超超级英雄。

我的儿子眼中闪过一道亮光，他突然明白了："哦，这就是为什么圣马丁（Martin）和里修的圣德兰（Sainte Thérèse de Lisieux）都带着斗篷！"

还是老样子

"不管怎样,都是老样子。"这句话透出了投降的意味。

> 我们不能一成不变地生活,因为生活希望我们冒险。

总觉得生活千篇一律,不再发现日常生活中的新鲜事,这就说明陷入懒散的警报已经拉响。"都是老样子",就像一个退休老人生活在熟悉得不能再熟悉的地方,再也不会有惊喜。哲学家伊曼纽尔·列维纳斯(Emmanuel Levinas)曾经对比过奥德修斯(Ulysse)和摩西(Moïse)。奥德修斯是一个关于归途的故事,而摩西的目标则是寻找应许之地,前者顺利回到了自己的故乡,后者最终也没能踏上那块土地。奥德修斯希望回到老地方,而摩西的目标却是另一片新土地。前者体会到重逢的愉悦,后者光荣地完成了超越自我的伟大使命,预示着:这片土地上"没有一块石头可以做他休息的用枕"。

我们不能一成不变地生活，因为生活希望我们冒险。尽管奥德修斯经历了千辛万苦也要回家，但他是以扬帆出海开始的。扬帆出海就是要我们尝试各种可能性，让生活丰富饱满，体会生命存在的价值。

那丰富的生活如何不落入分散精力的陷阱？如何避免超越自我变成自我逃避呢？尝试不是目的。大马士革圣约翰教堂的神父害怕人们来来往往到处游荡会变成终生度假，不懂得感恩生命。因为有人叛乱，他说："应该让死亡来提醒他们了，不能让三心二意、浪费生命、一事无成成为人的终点。"

要对自己的未来负责，这赋予每一个生命以同一性。不过，只有我们面对另一个自我时，才能真正地对自己负责。每个人都有一个属于自己的使命，正确地履行自己的使命才能形成一个完整的人格。做一个人就是这样：耳边总要有一个别人的声音在召唤你。这个人是谁？一定是创造我，了解我，对我充满期望，希望我能有所成就的人。出发不是逃避，要时刻回应造物主的召唤。

然而，我们大多数时间都对这个召唤充耳不闻，而海妖迷惑的声音却天天在耳边缭绕。幸好，造物主不喜欢一成不变，他给人们制造了一些困难，又把他们引回正途，但并不是完全把他们放回原位，而是为其增添了经历。

笑和唱歌

☀ 以前,大家吃饭的时候一起合唱,现在一群人中经常只有一个人唱,所谓他唱得最好。按照这个逻辑,只有那个笑得最好的人才能笑吗?

英国作家吉尔伯特·基思·切斯特顿(G.K.Chesterton)的文学评论十分严厉,但是他对写作目的并不十分苛求,而是注重作品对美好事物是持敏感还是漠视的态度。没有什么比坐在一张桌子旁一起唱歌更美好的事情了。曲调一响起,任何矛盾立刻化解,当然矛盾也可以在任何地方重新再起,但在唱同一首歌的时候必然会休战。当欢笑畅谈折断了怒气冲冲的棍棒,当勒住敌人脖子的绳子变成琴弦,和平就会突然到来,势不可当。

我们唱得好不好并不重要:在争辩的时候,不同的意见拆散人心;在唱歌的时候,不同的声音形成和弦。心意在一起,即使有异见也都无所谓了。拳头和喉咙不再发紧,气氛缓和起来,大家似乎都承认:"我们简直在开玩笑,我们是仇恨的俘虏,却把仇恨看得那么重要,其实我们心里早就和解了。仇恨只能导致摧毁,只有爱才拥有力量。要获得爱的力量,就相信它,就是现在。让我们把历史的亏欠和陈旧的恩怨放在一边吧,即使这种情绪总有理由。让我们在雨中歌唱:'酸雨啊酸雨,你将变得圣洁。'"

在切斯特顿的评论里,歌声和笑声是一样的,它们都贯穿了同一种喜悦:胜利的、叛逆的、不可被攻占的喜悦。你有没有注意到,最悲伤的思绪不能打断最疯狂的笑声。老师的威严打断不了学生们突发的轻狂,死亡的存在也不能阻止突然之间的大笑。我们早已深信不疑:生活和欢乐比死亡更真实。

切斯特顿还说过,放声大笑是"最奇妙的秘密"。因为日常琐碎的烦恼总是无法避免,但他知道自己最终一定会超越这些烦恼,所以他说"一切已经完成"。他一生坎坷,但他知道不幸不会是最终的结局,这就是为什么他放声歌唱,这就是为什么尽管孩子生病或经济困难这样的痛苦到处都有,他也能舒展笑颜。

歌声和笑声里蕴含的和平能够直击痛苦。笑声让我们的生活变得平和,哪怕是非常艰辛的生活。笑得发疯就像精疲力尽后洗了个澡,累到什么也不想了,只好把痛苦推到明天再去品味。给垂头丧气的人听最悲伤的旋律,帮助他减缓痛苦。歌声中那受伤的爱情、破碎的心和绝望的心情就像是扒开了自己的伤口，甚至比伤口更深，当把这些都转换为歌声，却能慰藉天上的星星。当叹息变为微笑，天际突然明亮，我们终于可以和世界吐露心声，就像贝尔纳多斯（Bernanos）在临终的时候说："现在，是我俩的了。"

没什么

※ 没做什么事!

在我的家乡法国摩泽尔省,别人表示感谢的时候一般不回答说"没什么",而是"服务",就是"为您服务"的缩略语。有趣的事情来了,这个"为您服务"和回复谢意的"没什么"之间有什么联系呢?"谢谢"本身就是个回答了,为什么还要答复它?为什么对礼貌本身再礼貌一次,好像要推翻自己所做的事情("没什么")?

这也许就是尼采所说的"赠予者的谨慎"[①]:即使我们可以做到毫无保留地赠予,我们也不应该毫无保留。赠予者越慷慨,受赠者欠下的债越大。我们不能否认,给予的手始终在羞愧的或卑微的受赠者的手之上。所以我们对"谢谢"说"没什么",

---

① 尼采,《曙光》,第464节,大致意思是赠予者和施善者没有公开地表现出高尚,而是隐匿了自己的姓名和善行去给予和满足。

就是说我的赠予并没给自己造成损失,不给我们的礼物"下毒",不自诩我们的善行。与此相反的给予就是"不合适的给予",每次我们把东西赠予某人的时候,实际上也让受赠者失去了自我。尼采曾经写过:"既有爱心又慷慨大方的赠予者有时候应该拿着棍子痛打目击者。"[1]这就是谨慎的赠予者的聪明之处。

赠予者最好消失,与自己的赠予拉开距离,解除赠予和赠予者之间令人窒息的关系。**你有没有注意到我们会为自己的善行道歉?** "这是我应该做的。"我们红着脸喃喃地说。我们问一个冒着生命危险拯救落水者的水手为什么这样做,他回答说"必须的,必须的"[2],就像说"我没有其他选择,就是这样,我没做什么",就像一个人为自己的冒失行为辩解。道歉,从词源上讲,就是自己不是这件事的原因。是不是说善行已经实施,我们并不是

---

[1] 《在善与恶之外》(*Par-delà bien et mal*),第 40 页。
[2] 西蒙娜·魏尔,《沉重和恩赐》(*La Pesanteur et la Grâce*),普隆出版社,巴黎,1948 年,第 56 页。

源头？也许这就是我们为自己辩解的原因：善行并不来自我，准确地说是来自"无"。我们只是善行的偶然因素，善行的首要因素早已发生，远远早于我的行动，是善行的源泉。当我们说"这是我应该做的"，就是把实施善行的决定权让给了善，这才是所有善行的起源，我们只不过因为幸运，成为成就善行的工具。真正的善行是行动，是不断创造、建设和修复的行为，并不只是从别处借来的一句空洞的回声，而是像"我爱你"一样，是没有条件、随时随地可以实施的行动。也许，当我们说"我什么也没做"的时候，就是把我们的失误或者我们的好意都推给了"善"这个源头。

当我们说"没什么"，就是很高兴地表示这是自然而然的事，承认这个善行是善本身孕育出来的。行善就是我出生和存在的原因，是完成我的本质。因此，当善行突然发生的时候就像"什么都没发生一样"：自然而然地，不计回报地，像泉水从泉眼里涌出，因为这一切都来自爱。

当我们对别人的感谢说"没什么"的时候，也是取自一个很遥远的"没什么"，是无偿给予我们的最初的爱。

因此，如果不是为爱而生，我什么都不是。我因自由而生，也为自由而生。当我爱人或是被爱时，都与此无关：我只能最大限度地从这个世界的终极规则中吸取更多。

　　这就是为什么,爱从创造世界的造物主那里借来了力量,用来耐心地服务人类,爱的原谅不清算罪行,爱的突然到来毫无征兆:自由地决定爱什么,抛开一切表面迷像,这就是我作为凡人的人生和神圣的信念的结合之处。只有恨才需要各种原因:"因为他对我做了这个""因为他是这样的人""因为我当时很累……"我们为什么爱?我们为什么要战胜隐藏在思想中的小心眼?回答是"没什么"或者是"因为"。在"因为"后面的句号在这里不是表示荒谬或者是独断,而是回答的人行事的理由:因为爱是一切存在的源头,所有的存在都盖上了爱的印记,万物因爱而生,从一开始就被免除了报答的义务。

　　因此我们认为给予别人慷慨的服务并不需要歌功颂德。把服务他人当作一种精神需求反而失去了服务的本意。服务者与空想者相比,精神活动要少得多:服务者只有在展现他的本质、万物之根本的时候才能体现积极的现实意义(服务者不是一个可以操纵的简单工具)。因此,服务者达到了一个新的高度:如果万物的本性是慷慨的,那服务别人,则更甚之。"付出生命的人是收获者。"这句话不是驯服人的策略,也不是一句矛盾的话,而是我们活在世上的真理。如果一个生物是因为被别人给予而获得生命,那么给予别人也成就了自己。为我的下一个人服务,就是向他赠予我从上一个人处获得的东西。使自己成为最初的慷慨的组成部分,要懂得渡让(主动的也是被动的)。给予不是丢失,而是准备创造:通过生命来创造。

> 如果万物的本性是慷慨的,那服务别人,则更甚之。

英语说"You are welcome",翻译过来就是"你是受欢迎的"。给予或获得,是始终记得我们已经得到了款待:出发点实际是一个延长号。欢迎你来(well-come),也就是你的到来是得到祝福的。我为你所做的事不过是人类早已受到款待的一个回音。用欢迎你来回答谢谢,指向了最深层的含义:看似轻描淡写的回答指明了善的源头,我所有行善的力量源泉都来自那里。

任何人都应该看清楚真相,不要因为珍惜自己,计较付出太多,担心被别人欺骗,却因而自我干涸、干枯并且贫穷。千方百计避免自己被利用就不能发掘人类源头的光芒。嫉妒别人,就阻塞了接受礼物的道路。如此,最终将走向贫瘠。

见证内心的喜悦

※ 幸福，要么我们让它闪光，要么它让我们蒙羞。

幸福，如果是自己的，我们就是有些羞涩的见证人；如果是别人的，我们就是有些嫉妒的见证人。怎样才能理直气壮地成为幸福的见证人呢？要知道这个答案，我们就要抛弃见证人这个概念。

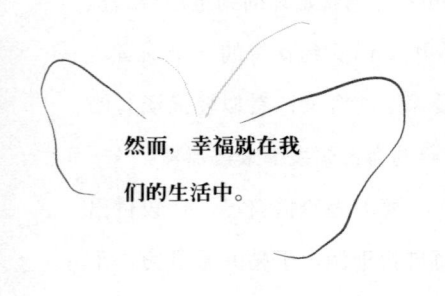

然而，幸福就在我们的生活中。

见证人最常用的概念就是带来信息的那个人。所谓信息就是体验：看到的、听到的、感动我们的那些经历。简单来说，幸福就是经历。体验幸福，就要经历幸福：首先得找到幸福。与其上下求索寻找幸福，不如让幸福找到我们，把我们带走。我们这个时代对幸福的一个误解就是：让我们相信幸福总在别处，尤其不在

欢乐是宽广的。

现在，不在此处。随时随地享受唾手可得的幸福会让别人认为你是一个肤浅的享乐主义者。但幸福实际上就在这里，在我们的生活中：它是爱人脸上的微笑，它是古树浓密的树荫，它是想起心灵深处柔软记忆时淡淡的忧伤，甚至它还在我们喷涌而出的泪水中，当我们失去一个珍贵的东西时，假如没有体验到拥有它时的快乐，又怎会为失去它而哭泣？

见证人的第二个概念是我们所要传递的事物，就像接力赛运动员手中互相传递的铝棒。用接力棒比喻幸福非常形象，幸福不仅是一种自我体验，它还需要被传递和交流。欢乐是非常宽广的，它向所有人开放。我们这个时代的另一个误解就是：幸福是一件私事。每个人都希望自己身处世

幸福是一种召唤。

界的中心，担心别人会抢自己的位置。然而，欢乐并不会因为分享而缩小。幸福就像美好的灵魂，它和物质的最大区别就是越分享，拥有得越多。就像一块蛋糕，来的客人越多，虽然每个人分到的蛋糕越少，但是蛋糕的味道，就是友谊，会变得更好。

见证人的第三重含义是度量标准，可以说是一种"参照"，一种"标准"。幸福是一种度量人生的经验体会，它让我们的生活

> 幸福不能把我们从存在的痛苦中解救出来。

更加完整，给沉重的生活增添一丝轻松愉快，是人生圆满的诺言。这个承诺在人生的幸福时光和满足的瞬间是真实存在的。"天堂的王国近在咫尺。"幸福就是私人礼物，它让我们想要更多，更好。关于幸福的第三个误解是幸福即没有烦恼和忧愁，就是古希腊语"平心静气"(ataraxie)。其实不然，当幸福充满我们之时，也给我们提出了新的问题：我们要寻找怎样的快乐？于是我们又带着新的问题上路了。幸福不要求我们什么，但是给我们带来希望。幸福不是人生体验的终点，而是人生的召唤。

我在"见证人"的三条含义上再加上一条，让我们更深入地探索幸福的智慧。古希腊语中的"见证人"(marturos)，法语的解释就是"殉道者"(martyr)，就是用生命证明自己的信仰。那么幸福和受苦之间有联系吗？在体验幸福和为自己的信仰受苦之间有关系吗？是的，因为幸福不能把我们从存在的痛苦中

解救出来，它包容了我们整个人生，无论是好的还是坏的方面。幸福不仅仅是一种经历，它还能支配灵魂，掌控我们的生活，贯穿我们的人生。幸福是毫无保留地献给生命的，因此它能见证希望，就是比小确幸和悲伤失望更深层次的欢乐。

我们不是计算机系统的二进制：不是说一方面有称之为幸福的资产阶级的舒适，另一方面又反对人生的痛苦。我们的幸福要有宽广的气度，既能迎接自己的挑战，也能理解别人的不幸。如果你不想让自己的幸福被抢走，就要把它当成人生的基础，包容一些不如意的事情，迎来一大波生活中的小确幸。

真正的幸福在欢笑与悲伤之外。

花朵和无神论者

※ 我的一个朋友刚刚找到了自己的信仰,她和我倾诉了她的忧虑。

"我的信仰会使我凌驾于没有信仰的人之上吗?有信仰者比无神论者和不可知论者更高贵吗?当然不是,因为我的信仰告诉我要保持谦逊……但是,我拥有他们没有的珍宝,我希望他们也能拥有这个珍宝,以此来减轻他们的负担,偶尔也提醒他们不要那么自私,照亮他们的天空……"然而,这并不是最困扰我这位朋友的,因为我们都知道:为我们所爱的人服务,就是与他们分享我们生活的动力。我们应该要谦逊,小心谨慎地加入到他们当中,正如教皇弗朗索瓦所说的那样,我们要积极地诉说信仰的力量,但不能用张扬傲慢的态度。

真正困扰我朋友的是,她不知道如何向那些已经生活得不错,却没有任何信仰的人讲述她的信仰。她说:"我认识一些人,他们没有信仰,但是他们的道德水平、慷慨程度和灵魂高度都无懈可击,我都不敢自以为是地再给他们的生活加点什么。"

我的朋友喜欢花，尤其是玫瑰。她喜欢玫瑰天真的美。神秘主义诗人安哥拉思·西勒辛思 (Angelius Silesius) 说："玫瑰从不问为什么，她开花就是开花，不为自己担心，不指望被看到。"也许玫瑰就是一种比喻：有德行而无信仰的人，就像是西勒辛思笔下的玫瑰，因为它不知道自己有多美而显得更美，因为它不知道自己有多优雅而显得更优雅：好心的人散发出神圣的气息而不自知。我们高兴地看到在人类的花园里有一位园丁，他为他的父亲打理着花园，打算奉上一幕沃土繁花的戏剧，当然还有玫瑰，它无意中盛开，就像那些在严冬中绽放的花朵。

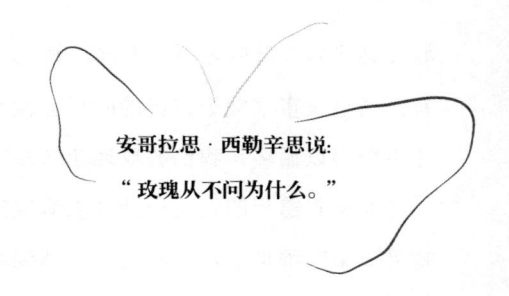

如果造物主便是那位园丁，而有德行却无信仰的人在某种程度上就是被疏于照顾的玫瑰花，我们会意识到造物主的美。究竟谁对谁错呢？我们不妨想象一下，玫瑰花在某一时刻突然有了自我意识，当她知道自己为了从一粒种子破土而出，在阳光下绽开花瓣付出了很多艰辛后，她必然会为自己感到骄傲。然后她又意识到，如果没有阳光、空气和水，自己将什么都不是，

> 安哥拉思·西勒辛思说："玫瑰从不问为什么。"

她又必将陷入自卑之中。不过，她也许会赞叹蜜蜂：于蜜蜂而言，通过采蜜来喂饱自己的时候并没有杀死玫瑰；生存，就是让生命得以循环。我们的玫瑰花必然为蜜蜂唱起赞歌。

　　如果有德行的人是一朵令人愉悦的花，那么有信仰的人则是另一朵因维护了自己的信仰而感到高兴的花。这个比喻或许教会我们如何与拥有不同信仰的人和谐相处：不去改变他们，让他们像玫瑰花一样自由生长，但要让他们思考，等到他们最终被摘采的时候或许将体会到，是什么样的神奇之手，正和他们一起，精心打造美丽的花束。

小故事

老板又迟疑了。我们觉得他是在寻找准确的词，适合描述我们新任务的词："说实话，我并不是要你们在工作上有更多的投入。从某种意义上说，这是一种脱离，我希望你们从现在的工作中脱离出来。当然，我相信你们一定能把新工作干好，你们一向很出色，但是我不希望原来的工作让你们焦虑。你们中的一些人有时候会因为没做好原来的工作而感到焦虑。你们以后要对原来的工作放轻松，因为你们的精力将放到别的地方。我要求你们还从事原来的工作，秘书、实验员、园丁，但是从今天起，你们要觉得你们已经不在这些岗位上了。"他停了一会儿。我感觉到他马上就要揭秘我们的新任务了。大家都聚精会神地等着。"我希望你们在公司里，就像……光芒。"他用了一个早就过时的比喻，但他没有改口。"我希望在我的公司里，在你们也是组成部分的一个大机器中，有零件，但也得有生物，有人，就是你，还有你，你们有特殊的使命，有肩负的责任，你们的特殊任务是……"他迟疑了。他温柔的眼神为他吐出的一个动词增添了一种我几乎要认不出的感情和味道："……爱。"

第三章

爱

Aimer

生命：负担还是礼物？

※ 出生了，却无丝毫准备！

有什么比生日更奇怪的吗？有什么礼物会像生日礼物这样无功而赏？实际上，多年之前我出生之时，我什么也不是！出生并不代表知道：我们在毫不知情的情况下被带到这个世界，成了一个无辜而懵懂的新生儿。当我鼓足气吹灭生日蜡烛的时候，我一瞬间甚至忘记了，我这个得来的生命是在人类长河中某两个人的偶然相遇造就的，我并无参与。当生日蜡烛一根接着一根熄灭，青烟升上天空，稍纵即逝时，我突然意识到，所有生命从开始到结束都是不自愿的：生命从开始走向结束，我没有选择参与也没有选择出局。出生和死亡：我们有选择吗？

很奇怪，人们总说人终将死亡，却从不提出生。确实，人总有一死，但人一生的选择会影响这个宿命：甘地面对向他开枪的人平静地微笑，瞬间的死亡总结了他斗争的一生。从这个例子我们可以看到，人有一辈子的时间来准备死亡，死亡并不会让我们吃惊。但是出生总让我们措手不及：我们是到了这个世界上才发现自己已经出生了，然后突然意识到，从今以后就拥有了父母、家庭、躯体和一段属于自己的时间。为什么我是个女人而不是个男人？为什么我生来不是希腊的柏拉图，不是刑事法庭的陪审员？我们一辈子越积越多的遗憾只不过是人生终极遗憾的变体，这个终极遗憾就是：为什么是在那天，在那个地方的那个人生了我！发出第一声啼哭的时候，我们就被卷入了一段不属于自己的历史。

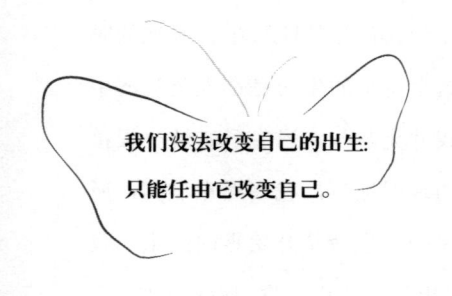

我们没法改变自己的出生：只能任由它改变自己。

但是这段历史，我们会把它变成自己的。因为人类自由的能量不仅能够创造自我情绪或改变环境，它还有更强大的力量：向不是自己的东西说"好"，向自己能做到的事情做承诺。就像一个父亲知道他的妻子怀的不是自己的孩子，却可以对这个小生命说："也许我没有选择你，但是你可以看到我会很爱你！"我们既是父亲又是孩子：作为父亲要学会爱这个孩子，但自己何曾不是从孩子长大的，那个在自己父亲背上长大的孩子。

Vivre, croire et aimer

我们没法改变自己的出生：只能任由它改变自己。我们只能接受出生的事实，这是一切要求的起点：我们难道不应该首先感激这个恩赐吗？完全免费的赠予。

孩子在生日的那天从不自问那么多为什么。他们开心地接受免费的礼物：接受的艺术和赠予一样重要。他们怀着激动喜悦的心情一层层打开礼物的包装，就像母亲的身体，而我们就是她们最美好的惊喜。

2002年夏天

※ 一分。不幸的一分。

一厘米,就像1976年夏天法国足球队前锋差的那一厘米:当年欧洲冠军杯决赛,法国圣埃蒂安队对德国拜仁慕尼黑队,斯特凡两次射门都不偏不倚地撞在了德国队的门框上。当时的球门框的柱子是方形的。如果那时候框柱是圆柱形的,如果克莱奥帕特的鼻子再短一点,那么球就会滑入球门,结果就会改变……几年之后,发生了一些变化,球门框的柱子变成了圆柱形,但是不幸已经发生了。

1976年的夏天我还没出生,2002年我在哲学中学师资合格证书考试中失败了:我5门考试得了44分,录取线是45分。录取人数是60人,我排在第61位。一分,一厘米,一个录取学位……又要一年,打各种零工,在人生计划和生存之间寻找平衡,在等待期间需要赚钱。

这小小的一分,我告诉你们,却是不可忽略的,就像一颗不公平的原子。我在复习的时候学到,"原子"在希腊语中是"不可分割的","硬的",就像有时候的生活一样。哪个小小的备注写错了?没有奉承哪个评审团成员? 应该再多给我几秒我就可以更清楚地写好总结?

这些问题在我羞愧地离开考场时久久地盘旋在脑子里,考场离索邦大学很近,我就这么走到了卢森堡公园。我坐在那里的一张椅子上,细细地品味着我的痛苦,咀嚼着我的懊恼,控诉着我的命运。

在我的周围,鲜活的生命却完全不在意我的悲伤,欢乐熙攘。七月的下午,温暖的阳光照射在闪闪发光的喷泉上,折射在公园游人开心的脸上。鸟儿在水滩上抖动着身体,孩子们开心地叫着过来追赶它们。在我身后,一群男男女女正在练习一种动作缓慢的武术,名称和发音我已经记不清了。

巴黎人已经开始出游了,各个年龄、各个民族、各个地方的人,只有一个共同点,那就是分享、安静、优雅等等各种各样的快乐。

所有这一切和我的痛苦酸楚形成了鲜明的对比!完全没有人来同情我:他们难道看不到吗?这些人,难道没人愿意让我分享他们的快乐,或者给我任何宽慰?他们是瞎子吗?为什么

为什么不能借别人的欢乐来缓解自己的痛苦?

没有一个人愿意放弃片刻的欢愉,走过来友好地拍拍我的肩膀,问问我的脸色为什么那么阴沉。更糟糕的是,在这片祥和欢腾中,似乎没有一个人像我一样正在遭受痛苦,只有欢乐幸福,对,他们的幸福,唯独没有我的幸福,这公平吗?

除非……除非他们对我不幸遭遇的微妙冷漠,是磨炼我心智的智慧课程。一个无忧无虑的孩子跑过来捡滚到我脚下的球,冲我调皮地一笑,这是个神意吗?什么启示?什么智慧课堂?这些问题久久萦绕着我。

现在我要做个选择:要么忽视这个笑容,那么周边所有人都知道了我的痛苦,这对我来说是恼人的冒犯;要么我就疯狂地分享这个快乐,让自己心花怒放。心花怒放?是的,向这个欢乐的世界敞开心扉。虽然自己不是这个世界的中心,他们没有我也玩得很开心,我的酸楚他们也不知道,但是既然我不能用我的坏心情污染这个愉悦的气氛,那我就只能缓和一下我的痛苦。这也是必须的:微笑,加入这个人人参与的夏季的快乐。

Vivre, croire et aimer

微笑，也是对这个冲我笑的捡球孩子礼貌的回复。

世界比我的痛苦大，比我的酸楚大，比我的坏心情大。再痛苦我也不能把自己与世隔绝。这个念头宛如一束阳光洒在了我的身上。我注意到我们经常把时间浪费在自怨自艾上，为什么不寻找痛苦的另一面？为什么不能借别人的欢乐来缓解自己的痛苦？我体验到分享别人的快乐确实能让自己愉悦，最初这个快乐是不是自己的并不重要，分享了之后，最终就是自己的快乐。

世界比我的痛苦宽广得多，我不能把它关在我的痛苦中。

"爱，就是为别人的幸福而欢喜。"（*Aimer, c'est prendre plaisir à la félicité d'autrui.*）在准备我失败了的那场考试的时候，我不得不背诵德国哲学家莱布尼茨（Leibniz）的这句名言，现在我突然明白了这句话的意思，从此我真正地记住了。在那个下午，我坐在卢森堡公园的椅子上慢慢地明白了一个道理：把自己的欢乐放在别人欢乐里的人，永远不会丢失欢乐。

这个念头伴随了我那个暑假。我决定接下来的一年，不再打零工，虽然这样活得很辛苦，也不再报考中学师资合格证书，而是专心考哲学。2003 年 7 月 15 日，我以全国第四名的成绩被录取了。

那天，我很高兴，因为我收到了三张录取通知书。

弗洛伊德的错误

"看，爸爸，这是你！"

也许有一天你会碰到这样一些人：他们圆圆的脸蛋上有一双大眼睛，笑呵呵的，在耳朵的位置上是一双长长的胳膊，张开着要抱住你，他们的腿不需要着地，也没有脖子和上半身。

这就是孩子画的我：一个只剩下脸的人，被四肢充斥的爸爸的脸。

我又陷入了沉思，我想象上帝在创造人的时候，是否犹豫过要把他做成八足的还是两足的。"因为我想创造一个会说话和能辨识光芒的生物，只要嘴巴和眼睛就够了。要肚子和上身做什么……但是好吧！（上帝决定了！）这个生物得有个肚子能够吞下生活，给予和承载生活。还得有个胸腔能够呼吸空气，直到有一天吐出这口气……所以，人不应该只是一张能够移动的脸！"

孩子似乎也有一点迟疑。看，这就是他们所呈现出来的人

> 如果没有一个"你"充满爱意地问我"你是谁",就不会有"我"。

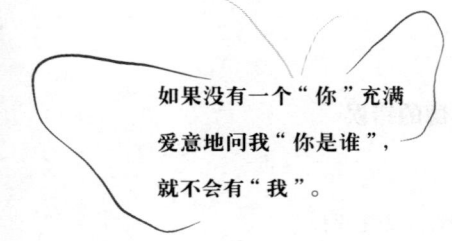

的样子:一张脸。然而怀疑大师们告诉我,孩子只不过是一个自我封闭的疯狂冲动。后来的这个"自我",弗洛伊德说,是想象中的无所不能与现实世界的处处碰壁妥协的结果。

我的小女儿给我画的画像却告诉了我另一种情况。孩子一出生的时候,并不是以说"我,我,我"开始的,"我"是孩子后来才说的。孩子首先意识到的是"你"!孩子的目光如饥似渴地看着整个世界,这是一种完全开放的目光,只有肚子饿了或者尿布湿了才会关注自己。在孩子眼中,这个世界不停地闪烁。孩子最初并不是需要学习怎样与外界接触的封闭的自我,而是一系列出色的"你"的继承。"你,是养育我的人,是母亲温暖的胸脯,是一只走过的'猫',是水上的光影表演……"

这个探索世界的目光,有的时候能碰上一道回应的目光。"是我啊,你是谁?"一个小小的眼神交流,就让孩子开始思考自己是谁,慢慢地,成就了孩子的那个"自我"。

弗洛伊德说"我"不是最初就有的,这是有道理的。但是我不同意他认为自身是最初盲目的冲动和外界给他的挫折妥协的结果。"我是另一个人"：这个"我"既不是与生俱来的，也不是一蹴而就的，而是慢慢形成的。孩子是他遇到的众多的"你"的翻版，是与之有善意眼神交流的结果。也就是说因为"他人就是我"，于是孩子遇到了自己。如果没有一个"你"充满爱意地问我"你是谁"，就不会有"我"。这一点每个人都有经验，如果这个过程是负面的那就会很糟糕：没有什么比父母冷漠的眼神更有伤害力。冷漠会从冷漠的眼神中折射出来。相反，经常给予孩子关怀爱护的眼神，对他们来说是再好不过的了。

我们是，也终将变成：被抱在怀里的脸蛋。

我最后看了一眼我女儿的画，一张安放在两只脚上的脸，上面有双大大的眼睛，张开了长长的双臂。来到世间的生物揭示了我们是谁，我们是，也终将变成：被抱在怀里的脸蛋。

丈量世界

※ 我们说，世界很小。

有这样一个逻辑：如果 X 不认识 Y，而 Z 是 X、Y 的共同朋友，那么 X、Y 就会通过 Z 互相认识。世界不是由成千上万个互不认识的人组成的方程式，因为这些不认识的人之间有千丝万缕的联系，这让他们形成一个充满可能的整体。如果这样，那些我们还不认识的男男女女构成的我们认为很大的世界就缩小了一点。

"世界很小"，这句格言透露了些许失望。然而，我们真能从自己的小世界里跳出去吗？奇遇从来不会把我们带到远方：你，陌生人，不熟悉的人；你，我第一次见到的人……其实就是我邻居的表兄弟。这或许是一件理所当然的事情：我们在一个小资街区，这里的租客属于同一个社交阶层。人以类聚。这是多么可悲的逻辑。

社交就像一个活结，总把我们推向已经认识的人。我已经有了自己的标签：我经常接触哪一类人，我曾在哪里学习，来自哪种家庭。世界很小，也许我们本身也很局限……我期待白马王子把我带走，但他的马很快就累了，不能把我带到很远的地方。世界的尽头不是另一头，而是又回到自己的世界。不管怎样，海盗和雇工是不会娶资产阶级小姐的。社会阶层的锁链不会让任何人跨越。

然而，上次在办公室，一个同事和我聊天，她说："嗨，你知道吗？"——"知道什么？"——"我之前在世界的另一头，就是爱尔兰，穿过大西洋的爱尔兰。我看到一个男人正和我一样深深呼吸海边的空气，我们就自来熟地聊起了天。你知道吗？他竟然是……你叔叔！""天哪，太糟糕了，这把你的思绪拉回了法国，还和工作联系上了。"我差点要向她道歉。但是我同事并没生气，反而很高兴："这太神奇了，不是吗？"我突然意识到如果我叔叔并没有妨碍她的逃离，也许是因为她并不想逃离她的世界。从此以后她会认为她生活的世界非常广阔，因为

> 只有忽视人类是因爱而生存的时候，我们才会失望。

一个有日常联系的人竟然是在世界的另一端碰到的。

因此，当我碰到一个认识的人，他又认识我认识的其他人，我也没必要埋怨这个世界太小。因为这不正说明我们自己已经织了一张很庞大的关系网吗？如果一个人只关注自己的小圈子，那么世界真是很小。但是人与人之间的关系构成的经纬线宽广无比，不但广而且深。假设有个亲缘探测器，可以通过探测眼画出人与人之间的关系，兄弟姐妹，亲朋好友，亲密伴侣……我们会发现爱的丝线千丝万缕，构筑了整个世界。我们会顿时明白，仇恨和冷漠绝不能毁坏这张爱之网。

我们可能会变得无法悲观，只有忽视人类是因爱而生存的时候，我们才会失望。当然，联系人与人之间感情的线是无形的，但也是真实的。当这个联系被破坏的时候，我们会互相指责没有好好珍惜它。让我们学会发现这个隐藏的无限广阔的世界吧！

美不是奢侈品

※ 和我们想的不一样，必须承认美不是一种奢侈品。

美的三个特点，即对人类的必要性、无偿性和脆弱性，决定了美更是属于穷人的礼物。美可以特殊地指向穷人，且不分环境被分享。

美是人类灵魂的必需品

造成法国频繁的"郊区骚乱"的一个原因被大家忽视了。我们经常提到失业、歧视和融入困难这些问题，但忽略了美的缺失这个原因：郊区作为城市的扩充只复制了城市的功能，却没有城市的灵魂和历史，也没有老城迷宫般的魅力，廉租房的高楼丑得让人感到深深的敌意。这是一个被限定的区域，并不是生活的地方，只有冷漠的几何形图案，没有和谐的美感，让人联想到商业区和工业区，完全感受不到家的温馨。

这些区域千篇一律,"到处都是"也就是"到处既无",也就是说没有人参与其中。

当我们穿过巴黎、梅斯或者里昂的郊区(这里我只说法国的城市)的时候,似乎感到人类的灵魂投降了。我们只想逃离或者破坏一切。我们当然不能原谅任何恶劣行为,但要认真对待撕扯"郊区青年"心灵的仇恨:丑陋就是一种冒犯。其实我们早就该意识到了,长期以来,美一直被置于不甚重要的二线地位。

也许西蒙娜·魏尔说得对,美压根不是什么奢侈品,而是"人类灵魂的必需品"[①]。如果基本需求得不到满足,那就会面临死亡的威胁。西蒙娜·魏尔强调"秩序",是说无论是听美妙的歌声,凝望星空还是欣赏大师的画作,不仅是给灵魂提供了片刻休憩,让灵魂归位休整,而且还能让我们的日常生活以及生活的地方恢复真正的人应有的正常秩序。艺术其实向我们展现了一种从珍贵而脆弱的作品中获得的力量(无论从大理石作品上,还是从雕刻大理石的艺术家那里)。艺术总是精致的,因而也是脆弱的。然而艺术也证明了不同

---

① 西蒙娜·魏尔,*L'enracinement*(《扎根》)第一章,"un besoin de l'âme humaine"(人类灵魂的必需品)。

的声调或者颜色可以和谐共存，可以互相补充，在聆听的耳朵、关注的眼神、美学的快感中不断自我创造，生机勃勃地达到动态平衡，从脆弱和协调差异中获得力量：这就是策略的意义。

美是无偿的

美不是奢侈品，那到底是什么呢？难道美的本质就是可以被无偿拥有吗？"无私的愉快"康德（Kant）这么说过，因为美带给人的快乐是无瑕的，纯净的，不是因为染指美本身带来的快乐。我们不能为所欲为地欣赏作品的美。在博物馆里，看护人总要提醒我们"用眼睛欣赏"，正因如此，作品才能在众人的欣赏下幸存下来。心动是温柔的，不会破坏任何东西。大英博物馆的门票是免费的，也许正是为了呼应作品和观赏者之间的无偿性：今天有 500 个观众在特纳（Turner）或者克洛德 - 洛兰（Claude

> 有些东西只有放弃占有它的想法才能真正得到。

Le Lorrain）的作品前停留。但那又有什么关系呢！反正作品也坏不了，画作大大方方地展现给观众，观众则睁大眼睛仔细观赏。音乐和美术，天空和星辰不属于任何人，因此它们也属于所有人：那些认真倾听和欣赏，向美致敬的人。

有些东西只有放弃占有它的想法才能真正得到：比如说爱、幸福甚至生命。想坠入爱河的人却求而不得，不顾一切想要幸福的人却在幸福到来的瞬间关上大门，想要永生的人却会死去。美也一样，我们不能占有美，却可以接受美。所以，也许我们最好一无所有。

这是两个家庭的故事，一个是村子里最富有的家庭，一个是村子里最贫穷的家庭。两个家庭的长子都7岁了，是父亲该和他们谈谈严肃话题的时候了。一个星期天的早上，两家的家长都准备带他们的长子出去散步，谈心。穷人家的父亲因为早上要喂牲口耽误了不少时间，等他搂着长子肩膀出去的时候，富人父子已经登上了村边那座小山的山头，在山头上可以俯瞰整个村庄。那时，村庄刚刚苏醒。富人父亲对孩子说："看，我的儿子，总有一天，这一切都将属于你。"他们下山的时候正好碰上了也来登山的穷人父子，两家打了招呼，穷人父子继续默默地走在通往山顶的小路上。到了山顶同样的地方，他们凝望着山下的村庄在晨雾中，在日出的迷人光辉中渐渐显现了出来。穷人父亲对儿子说："看，我的儿子。"

一个父亲在乎"拥有"，一个父亲在乎"美"。第一个父亲留给他儿子的是雄心勃勃的计划，但他忽视了应有的对万物的敬重和与儿子的共情。穷人父亲什么也没有，所以他反而可以感受到此刻无偿的美好，也得到了无法占有的美：此刻把父子连在一起的美(这个瞬间，这个恩赐)比任何宣言都要有意义，比任何计划都承诺得更多。儿子感受到父亲和他在一起，邀请他一起欣赏，并要求他保护脆弱的东西。"看，我的儿子"，也就是说，要用尽力气保护他们，因为没有我们的照顾他们就会消失。他们是刚出生的小牛，是你的妹妹，是我们的邻居，如果没有互相关心，彼此会愈加离群索居。"看"，就是要时刻关注美，守护你的兄弟。此刻就是共同感受美的最好一课。

美是贫穷的

最贫困的人需要美，而美是不能被占有的，因此美是注定要给予穷人的。美对穷人悲惨的处境感同身受，关注穷人却从不强迫。美是一个乞丐。西蒙娜·魏尔曾说："有多少次，熠

美就像穷人一样，除了自己以外不能承诺别的：我们也不能从中得到什么物质好处，除了和它相遇。

熠星光，大海的吟唱，黎明前的宁静吸引着人类，关切着人类。"但又有多少次，我们主动地、悄悄地询问比我们穷又需要我们的人："你还好吗？来，和我说说你的痛苦。"美就像穷人一样，除了自己以外不能承诺别的：我们也不能从中得到什么物质好处，除了和它相遇。

这就是为什么和其他强大的权力相比，比如金钱或成功、野心或欢愉，穷人和美一般被认为是失败者。在一个冬天的早晨，天才小提琴演奏家约夏·贝尔（Joshua Bell）扮作街头艺人，在华盛顿地铁站演奏巴赫的无伴奏小提琴第二帕蒂塔《恰空舞曲》（la chaconne）时几乎无人问津。[1]但 2009 年 11 月，法国广告商计划在"霞飞"（法文中"霞飞"的发音近似于"赠予"）广场分发 5—100 欧元的约夏·贝尔音乐会的门票，却引起了骚乱。演奏家完美地演绎巴赫的时候没能让行人停下脚步。钱，

---

[1] 华盛顿邮报（*Washington post*）组织的这场活动，参见报纸网站。

却可以征服一切。虽然钱本身什么也给不了（我们在沙漠里拿着 100 欧元能做什么？），但钱在臣服于它的贪婪的人类眼里却熠熠生辉。

美的弱点就是只能奉献自己，美也只有自己。但这个弱点却有一种力量，就是等待你发现它，也许这个发现暗含惊喜，但绝不会像我们期待的那样，而且是在完全放弃功利心的前提下。美就像贫穷的男女。神父约瑟·赫新斯基（Joseph Wresinski）总是让我们先见见这些穷人："不要还没见过他们就肆意施舍，他们是什么样的人，需要什么，也许最后反而是我们从他们身上得到了需要的东西。"美是脆弱的，我们和美之间是一种纯粹的、彼此之间的关系，因为美除了自己，什么也没有。

结论：不要肤浅地描绘

乔治·德·拉杜尔（Georges de La Tour）经常画那些被生活的重担压垮或是被辛劳的工作催老的穷人。这是一个危险的赌注。怎么敢画穷人呢？美，显而易见。美，无可指摘。困苦却会招来怨恨。贫困和美之间难道一点联系也没有吗？是的，如

> **美是能与他人共情的人的礼物。**

果认为美只是完美的外形。不，如果美首先是别人的礼物：画穷人，就是画出这些人的光辉。乔治·德·拉杜尔不画穷人，画的是和他们的相遇，自由而迸发光芒的相遇。穷人主题的绘画就像同主题的诗歌——莱纳·玛利亚·李克尔 (Rainer Maria Rilke) 的《贫穷与死亡之书》(*Le Livre de la pauvreté et de la mort*)，或者文学——皮埃尔·米雄 (Pierre Michon) 的《小写的生命》(*Les Vies minuscules*)，都很谨慎地描绘相遇：这些作品不描绘外在，跳出了对贫穷本身的写实，这些作品描绘的是和比自己贫穷的人相遇的丰富经历。美是能与他人共情的人的礼物。

应不应该相信白马王子？

※ 人们严厉质疑："怎能相信白马王子！"

也就是说，"如果你不想生活在现实中，就一条道走到底：只要相信有一天一个风度翩翩的年轻人会来到你面前，把你抱上英俊的白马，带你离开"！但是现在城市里为爱献殷勤的男人比白马还少，所以结论无法辩驳：回到现实中吧！也许在这个时代爱一个不脱袜子睡觉的男人要比渴望碰到一个帮你洗衣服的男人要更现实。人类有时候总有不切实际的想法冒出来，最要紧的是赶紧回到现实中。

然而，我却想站在浪漫主义者和纯情少女的角度，为白马王子辩护。其实现实比束缚它的秩序要广阔得多。我们首先要看到白马王子的存在是一种理想主义存在。（不能把主人公这个"种马"和他的坐骑混为一谈。）年轻姑娘等待的追求者是一位迷人的贵族，即使不是贵族家庭，至少在行为举止上也要符合骑士风度。如果这个追求者在第一次见面后说"咱们 AA

制付账吧",那么姑娘们,承认吧,你们心里肯定是失望的。希望被迷倒是第一次见面最低的期待。然而,姑娘们却不应该控诉孩子的父亲邋里邋遢不注重形象,闹铃响了还嘟囔不停。白马王子是浪漫邂逅的代名词,他的角色仅限于此:他年轻、整洁而热情,凝聚了所有浪漫的因素。很可能,王子变成国王之后也不脱袜子就上床了,也会忘了给你送花。更有可能的是,他已经变成了一介平民,小姐你早想把他一脚踢开。

他的白马承诺把你带走。这是全世界姑娘心动的梦想:你想有一天能逃离悲惨的现实处境,过得更好。所以,你向父母介绍的这个男人在你父亲老调重弹地数落你的时候应该勇敢地为你辩护。如果他在这个关键的时候,傻乎乎地附和你父亲的观点,从王子变成了臣子,那你一定会失望。

每个女人心里都会默默祈祷:"强大一点,我的男人,噢,我的王子!把你的心上人从你未来岳母的魔爪下救出来,把我从占有欲强烈的魔鬼手中救出来。用你的吻点亮我的生活。只有这样,你才是我的国王,我孩子的父亲。"

所以要相信白马王子:就像童话故事中的主角一样,他们的存在是毋庸置疑的。白马王子甚至不仅是一个追求者的符号,他还集中了对追求者的要求及其本身应该具备的条件。这是现实中的追求者应该学习的：向童话角色学习温柔、高贵而坚定地追求自己的心上人。

所以要相信白马王子的不仅是小姐们（她们已经深信不疑），还有王子们本身……也许还有那些忘了脱袜子的国王们……阿兰（Alain）说："结婚不是一个终点，而是一个起点。"对了，花店什么时候关门？

是否应该相信卡车司机？

※ 我刚为白马王子辩护。

我听到一个反对意见：等白马王子等得太久，会不会错过身边的男人，没有完美恋人，至少还可以从身边的思多克（一个交友网站的代言人）中发掘罕见的珍珠。现实主义者就有这个优点：从现实中等待快乐；或者更好：不等了，去寻找快乐。等待白马王子的错误就是等待本身，我们知道想去哪里却不付诸行动（就像等公交车时那般焦躁）。等待就是受到阻挠的行动，是静止的向往。所以没有什么比等待大厅更可怕的了。

白马王子也有理想人物的普遍缺点：因为超级厉害，所以失去了行动的魅力。放弃也就是全盘接受。怎么办？先听听这个故事吧。

有个人去圣雅克-德-孔波斯泰尔①朝圣。朝圣路上不小

---

① 圣雅克-德-孔波斯泰尔 (Saint-Jacques-de-Compostelle)：天主教朝圣地之一。——译者注

心崴了脚，只能停在路边。突然他发现自己陷入了泥潭，先陷到膝盖，再到腰间，自己已经不能爬出来了。这时路边来了一辆卡车，停在他身边，卡车司机冲他喊道："快把手给我，倒霉蛋！"朝圣者回答："别担心，你看我手里有《圣经》，上帝会来拯救我的。"看到朝圣者这么坚定，卡车司机不再坚持，开车上路了。朝圣者又陷下去一截。这时又来了第二辆卡车，同样的救援，同样的拒绝。等到第三辆卡车闪着应急灯停在路上的时候，卡车司机看到朝圣者只剩下头露在地面上了。朝圣者最后一次拒绝了救援：他的信仰让他不可动摇地等待上帝。卡车司机上了车，想了想自己是不是在做梦。于是我们的朝圣者被活埋了，死了。到了天堂，他质问上帝："为什么要这么惩罚我？"上帝对怒气冲冲的信徒说："我给你派了三个卡车司机，你却不想接受。"

不要等待，要发现。

这个小故事讲了个大道理：信仰就是能够从卡车司机刺满文身的手臂上看到上帝之手。"不要忘了好客之情。"圣保罗(saint Paul)在写给希伯来人的信中说道，"因为好客,你们才能在毫不知情的情况下接待天使。"帮了我大忙的陌生人没有翅膀,他也不是我的守护天使。当然,守护天使或许真的存在,却只有热得发昏的脑袋才希望他们从天而降。

如果我们相信白马王子的故事,那么得有一个条件:在现实中寻找他。不要等待,要发现,学会从一个年轻人笨拙的举动中看出他讨你欢心的努力,从邻居的亲切举动中发现理想先生的身影。恩赐就是在最平常的现实中遇见了最疯狂的期待。

一个孩子

※ 想要一个孩子！

我们说"想要一个孩子"，有这个意愿是好的，但是不一定就能达成：有的孩子不愿意在被生出时就被规划好了人生……就像有的时候我们的愿望非常强烈却并不能得到想要的结果。意愿不是万能的，但也表现了我们的精神状态。想要一个孩子不像想买一辆新车或者一双新鞋那样。我们知道孩子总会超乎我们的设想，就像一篇无法完结的文章。想要"一个"孩子，不是要这样的或者那样的孩子，就像开了一张空头支票，就像说"你就做自己，其他我来负责"。我们想要一个孩子，但不强求：我们同意接受惊喜或惊吓。

要一个孩子是否理智？我们还不知道他的情况，我们也不知道世界的状态，我们甚至不知道孩子出生后能否具备在这个世界上生存的能力。是的，生个孩子是一件非常冒失的事情。但如果要等到世界完美再生孩子，或者说要知道孩子能够适应世界再生，那么谁还敢生呢?生孩子的冒失是一种体会生命的美好冒险。有风险,但会有成果。

生一个孩子

我们说"生一个孩子",我们这么有把握吗?我们选择生一个孩子就是知道这件事的结果,就像洗件衣服或者烤个蛋糕一样,就是我们确定我们要做的事情以及这件事情的结果。那么孩子是否会来到这个世界呢?不一定……

在迎接新生儿的时候,我们通常很惊讶行动和结果之间隔了这么长时间,就是"做爱和爱的结晶"。想想这样的经验:在孕检的时候会确定一个受孕时间。"1月22日?你确定吗?亲爱的,你还记得那天,那天晚上我们干什么了吗?"如果我们忘了,这重要吗?我不觉得,在原因和结果之间有漫长而美好的时间差,在紧紧相拥的夜晚和孩子出生的那天有足够长的等待。结果已经远远超出了原因:孩子本身比结合的那晚重要得多。孩子的出生就是一个小小的奇迹,年轻的父母甚至觉得自己的付出微不足道。

等待一个孩子

我们说"等待一个孩子",等待孩子的那个人到底等待孩子什么?我们总希望即将来到世界的孩子能从世间得到美好的记忆,从生活中得到回报,避免一切失败……但是我们想象中的这个"即将来到世界的孩子"真的会变成我们希望的那样吗?我们用条条框框设计出来的孩子还会是一个独一无二的孩子,像所有孩子一样会给我们一个措手不及吗?

我们对孩子有很大的期望,这也许是对的。孩子总是我们生活的中心,出乎意料的存在:永远不会像画像一样乖,因为装裱好挂在墙上的画像不是孩子。等待一个孩子,不是在拐角处等待他,并为他切割掉一切多余的东西,而是要守护着我们对他的期望和要求,要时刻关心他。对独一无二的孩子倾注更多的关心,倾听他,爱护他,要比等待他变成我们期待的样子重要得多。

拥有一个孩子

我们说"有了一个孩子",那么首先要让他来到这个世界上,给予他生命,同时,我们也怀着矛盾的心情准备好开始失去他。

第一次失去孩子是生理上的，怀孕的母亲终于等到瓜熟蒂落，孩子从母亲的身体里离开。第二次是从事教育孩子这项奇怪的工作，工作的目的不是得到什么，而是失去某人：教育，就是为了有一天孩子能够离开自己。

难道是说我们从不曾真正拥有自己生的孩子？当然不是：这就是爱的矛盾之处，熄灭我们占有的欲望，迎接我们同意的失去。父亲放开手让孩子迈出第一步，也会张开怀抱安慰摔疼的孩子。母亲同意让孩子离去，也会温柔地拥抱回家的游子。有一个孩子，也许注定要失去他，但这是为了更好地迎接他。

养育一个孩子

不在孩子心里耕作，就不能传递生命之爱。

"养"这个词很奇怪。这个动词本身没有问题，但当我们寻找它规范的表达时却发现……只有"饲养"和"提升"这两个词。这两个词没法描绘养大孩子的艺术。教育绝对不是圈养或者

Vivre, croire et aimer

散养小鸡和小猪，也不是永久的提升，而是更多地放低身价！为了教会孩子清洁，要用手清理他们的污渍。为了表示我们生气了，要做出难看的表情。累了一天，晚上还要检查他们的作业……哪里还有提升？深陷在这永恒的、重复的斗争中，就是为了孩子能"有教养"。

然而一个问题由此而生：一个"有教养"的孩子就是一个干净、礼貌、认真的孩子吗？事实上，我们努力夯实脚下的土地是做另一件大事的基础："有教养"的孩子更深远的意义是孩子能有远眺星空的品位，有更高的理想，有了解他人的愿望。展现在孩子面前的这冰山一角的世界是为了让他自己长大并去发现：不在孩子心里耕作，就不能传递生命之爱。

小故事

　　我们非常吃惊，尤其是我们接受的"新任务"丝毫没改变我们现在的工作方式。一切似乎不言自明：的确需要有一些男人或者女人，在人群中，担负起特殊的任务，比其他人更关心他人。这些男人或者女人就要从原来的工作中脱离出来，或是心不在焉地完成原来的工作，因为从今以后他们工作的重点要在别处。别处？在他们身边，非常近的地方，就是身边的同事。

　　我们公司希望有些员工明白，生产不是唯一的重点，有一些员工被悄悄赋予⋯⋯爱的任务。也许生产效益会提高。

　　这个时候每个人的脑袋里都问同样的问题：为什么是我？为什么选我？让娜知道我被选上了吗？塞巴斯蒂安呢？米利安呢？我们也许永远不会知道。重要的不是谁被选上了，而是为什么是我。

Vivre, croire et aimer

第四章
相 信
Croire

完美的平衡

❀ "给我一个支点,我可以撬起整个地球!"

这句名言是阿基米德说的,历史和想象把他看作第一个真正的科学家。实际上,四个多世纪前伽利略提出自然法则的数学模式,就给科学家提供了这样一个"支点",之后,世界进化比之前几万年都要快。科技发明彻底改变了人类,小到我们的习惯、食物、书写或是移动。

人类不停地发展科技,我们不知道这会把世界带向更好的方向,消除疾病和贫困,还是地球本身会为这个人间天堂付出代价。科技已然"撬起了地球",破坏了古老的平衡:人类和环境,快速消退的过去和不断加速的未来,辉煌的科技水平(卫星)和平庸的最终产品(电视机),等等。面对这些不平衡和这样的改变,我们只想提出一个问题:今天在我的生活中,在我们这代人的生活中,什么是平衡的要素?

这个问题是今年夏天我和神父在徒步朝圣之旅时提出来的。

那天我们到了朝圣之路的终点，天色已暗，大家一起参加隆重的圣餐礼。但我，相比领"圣饼"，反而更关注耶稣受难十字架，它的形状似乎是完美平衡的一个代表：结构对称，交角笔直，纵横相接。

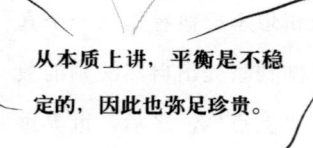

但是这具被钉在十字架上的肉体，无力下垂，血迹斑斑。这是平衡吗？不，我第一次从中领悟到这个道理：若想要我们的人生达到完美的平衡，信仰和理性、传统和开放、行动和沉思就得互相呼应，我们不能也不应该以其中一个来反对另一个。同样，肉体和精神也不能举一个打一个，因为能创造天使就会造出野兽。我们对周边人的爱也要平衡：爱一个恨一个就是谁也不爱。当我们质疑法则的时候，不是要废除法则，也不是要动摇一切，而是要尽可能地完善法则。在生活中，我们也要平衡两个极端，既不奢侈浪费也不苦行禁欲。

从本质上讲，平衡是不稳定的，因此也弥足珍贵。

那么，这种平衡是哪儿来的呢？是充分的理性还是追求对称？都不是。是热情，是我们对生活报以的超乎寻常的热爱，是我们对周围所有人投以的无私的友善。我们要用爱对抗那个可以撬动地球的支点，让这个世界深入而长久地平衡下去。

直到昨天，对我来说这件事的本质和微妙之处才明朗起来。这则婚外交友网站的广告其实有一个绝妙之处。我敢说，能够拥有双重生活是每个人心中的梦想，是深埋在每个人心底的欲望……但不像你想的那样。事实证明：不忠的行为不会给你的生活加分，而是减分；不忠会用一只手毁了另一只手创造的东西，新创造的历史擦去了早先的故事；欺骗自己的妻子，不是一箭双雕，而是一无所有。

然而，双重生活依然是人们的需求：每个人都希望到别的地方去看看，在那里他会是纯粹的自己，被人爱戴，也悄悄地爱着其他人，其他所有人。每个人都需要活在另一种目光下，这种目光没有被琐碎的日常生活蒙尘，会因为你的到来、你的魅力和努力惊喜万分，灼灼生华。每个人都迫切需要一个倾听者，我们可以向他倾诉生活中的满腹牢骚，吐露不敢和所爱之人说的话，因为担心爱人受到惊扰和伤害，心情不悦。那么这个倾听者，不会拆分我生活的人，会是谁？谁会全身心地爱我，可以倾听我的一切，我的痛苦？在他清澈的眼睛里，

是内心赋予了我们真实的双重生活。

我可以看到自己的愿望。

  是内心赋予我们真实的双重生活。当不忠的婚姻破裂的时候，我们需要这样的内心世界，它不是日常生活的重复，而是更深层次的精神世界，修复生活中的损坏，赋予我们崭新的自己。我向它吐露我的痛苦和快乐，我更加依恋它，也更好地侍奉它。一个年轻的女孩不能让我重回 20 岁，是内心世界永恒的青春让我时刻得以重生。

生活 相信 爱

天啊：一句粗话

❀ 最近我有幸和一位中学生交换了关于信仰的看法。

是一次机会，实际上也是一场激烈的，因此也生机勃勃的对话。青少年一般都不会咬文嚼字，也不会琢磨半天后小心翼翼地吐不出一个字来。在这个年纪，不畏言语，不甘受骗。

这个议题，在我年轻的时候，会引起我的愤怒和不解，这个最神圣也是最烂俗的词："天啊"。这个词在成千上万的俗语中都可以见到（"我的天！""天才知道……""像天一样美"，等等），类似这样的表述会让人害怕。因为它们指向了绝对，是对我们困苦处境的辱骂。因为它们有时候也指代人类最坏的行为，我们宁可闭上嘴。陈词滥调其实是用错了词。那么我们应该倒掉指向"苍天"的这些粗话吗？

这是一个美好的词，代表着我们头顶上方的无边苍穹。而这普天之下的芸芸众生都曾活过，吃过，爱过，痛苦过。

所以，我们要过滤掉那些粗话，在我们的日常生活中用

我们首先应该相信的是人类的美丽和善良。

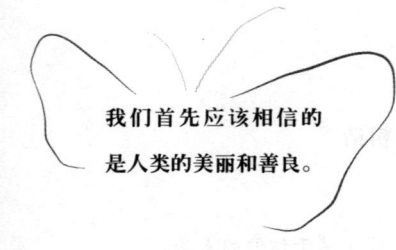

力感受美好的存在，分享我们的生活。

我们一生经历了什么？成千上万的东西，只要我们有一双善于发现的眼睛来证明生命是神圣的：爱的交流，托付的信任，令人振奋的微笑和磨人心志的考验……我们不断的尝试造就了生命的丰富，我们品尝的能力决定了我们的感受：了解和品味是同一个词。我们的存在是一个卑微的奇迹，却也是我们成就一切的基础。没有它，生活就是一个地狱——每个人都听说过，却没人相信。其实，我们只是不相信自己了。一个最小的善意的举动就能温暖一颗心灵，秋天赋予一颗老树绚烂的色彩就能让我们感动到发疯。我们如果知道应将目光聚集在哪里，就能找到通往天堂的千万条路。

所以，我们首先应该相信的是人类的美丽和善良。我们的目光要发现身边普通人的过人之处。"天啊"这个词，不应该是最粗俗的，而应该是最神圣的：这个词足够包容，每个人都能从中找到生命的痕迹。这个词在我们的感激之中富含了生命的无比精彩。这个词，在我们听到的无数次的表述中，召唤中，找到了正确的位置——"感谢上天"！

阿尔伯特女士

※ 我有一个朋友是社会工作者。

产婆不是一个常见的职业,但任何一个劳动者,无论是什么工种,都可以向产婆学到一点智慧。因为工作就是自己动手把一个东西带到世界上来。家具要打造,学生要教育,比萨要递送:工作成果不会自己完成。办公室、工地、厨房,每个工种都有自己的"工作室"。

我的朋友是一个社会工作者,但他拥有哲学家的灵魂,就像苏格拉底也曾是灵魂的"助产士"一样,他觉得社会工作者的任务不仅仅是处理穷人的行政事务。他到了一个新岗位上,为了和他分管街区的工作对象熟悉起来,他没有一栋楼一栋楼地去拜访他们,而是按照名字首字母的顺序去拜访,尽管不顺路。

"A,"例如阿尔伯特……他的同事提醒他,"如果你坚持让你的精神受到打击和摧残,那就从这位阿尔伯特女士开始吧!酒精让她变得穷凶极恶……""我早上9点就去见她""她那时候已经喝酒了,肯定!"无论如何,阿尔伯特女士的情况非常紧急:要获得社会基金资助,她必须让自己的生活变得规律。第二天,我朋友满怀希望地来到了阿尔伯特女士家里。

进了她的家门,我的朋友没有听到任何一句问候,只听到了命令:"把那些要我签字的东西放那儿。"接着又投过来一支毒箭:"看看,一个年轻的小伙子,做女人的工作,你的爱好挺独特啊!"接着,她害怕要填那些摊在茶几上的一堆文件,躲到厨房去了。我朋友,似乎听到厨房里有用液体倒满杯子的声音。等她回到客厅,我朋友逮住机会问她:"你刚才在干什么?"她努力隐藏脸上的怒气,说:"喝酒,早上9点就开始喝。""这不是问题,问题是我是你的客人,你还没给我倒一杯呢。"然后我的朋友并没有看她的脸色,接着说:"来一杯一样的……"

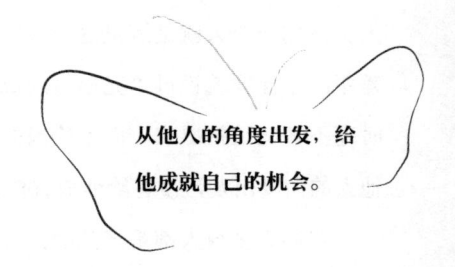

阿尔伯特女士惊呆了。这个像运动员一样的年轻人,一眼就能看出喝酒并不是他的日常习惯。他想要喝她从小店买来的劣质

从他人的角度出发,给他成就自己的机会。

酒？但是他们还是干杯了。我的朋友从没这么早喝过这么烈的酒，但重要的是他做到了。我想说，他和阿尔伯特女士建立了联系。他陪她喝酒不是想像她一样堕落下去，而是想改正她错误的行为。为此，他和她做了一样的事，而不是骄傲地站在那里评判她的行为。评判一个人就是测量这个人实际是怎样和应该是怎样之间的差距。圣保罗就说过"兄弟般的批评"，就是当亲兄弟走了歪路时毫不客气地指出来。而不恰当的评判是没有爱的评判，没有从他人的角度出发，没有给他成就自己的机会。

我们大多数人都是平凡的，有缺陷的，当我们站在他人的角度考虑时，并不是讨好逢迎，而是从对方的弱点和缺陷出发，拔出扎在他们血液中的刺。

我的朋友拜访阿尔伯特女士几个月后，她开始了戒酒瘾的治疗。

生活　相信　爱

我丢了信仰

※ 有人说"不能按字面意思理解",我不这么认为。

　　我反而认为应该从字面意思入手。不通过"文字",我们怎样才能了解"思想"?当有人喊救命,我们总不能仔细琢磨他的深层意思,最后总结出也许他只是想静一静吧?要了解一个词或者一个动作的意思,要从最基础的做起:从脚底开始,一直爬到文字愿意滑下来的高度。所以要重视初相:也许我的一个同事对我的微笑是虚伪的,满含深意的,想要我去挖掘,看我是不是和他一样精明……那有什么关系呢?这首先是一个微笑,我也向他展示了我善意的表情。如果他并不喜欢我,却还向我微笑,那是他自己的事。等我接到了他的挑战书,我就上战场,以恰当的形式,但现在,表面上,我只看到他微笑的脸。

　　从字面上理解意思有时的确很困惑。比如说"我丢了信仰",这句话经常是伴随着状语的。"当我年少时,当我姨妈去世时……"我们怎么回答呢？带着一点不高兴，甚至教训人的口吻说："信仰又不是一副眼镜，我们不能像丢一串钥匙一样把它丢了。"但是，对不起，我们就是在说"丢失"的信仰。丢了，就是我们手上没有了：我们从字面上去理解，逐字地理解。"天啊，你丢失了信仰，丢在哪里了？"

这个奇怪的问题却没有错！"我丢了钥匙！""在哪里？""要是我知道就丢不了啦！""对，但是你刚进门，看看沙发垫下面有吗？把裤兜里的东西都掏出来，趴在地上找找……"一番忙乱之后："别找了，在我书房里，乱纸下面。"

最后，信仰就像一串钥匙或者一副眼镜，打开了我们心灵的窗口和我们的视线。

这番找寻对钥匙有用，对眼镜有用，那么我们看看对"丢失"的信仰是不是有用呢？先看看沙发垫下面有吗？"看，有两欧元！这不是你的信仰，好吧，但今天中午的面包有着落了。"裤兜里面有吗？"这是什么？你孙子的画？你教女的信？还不是你的信仰？好吧！"现在趴在地上："这身体还挺柔软的，不是吗？这不是你的信仰，但这是你的运气。哦，你已经趴不下去了？你的身体一生过于操劳，已经僵硬了？那上次你怎么捡钥匙的？哦，是你的邻居帮你的？"这也不是你的信仰，但能有人帮忙多么幸福啊！"再说了，你看，为了帮你找你的信仰是不是在沙发垫下面，我跪在地上找到了面包，从洗衣液里抢救出了画，我们还能做这样无聊的事……怎么能不祝福感恩呢？""你说得有道理，不找了。我的信仰放这里了，就在我的身边，我的手上，我的生命里，我刚才没看见。"

最后，信仰就像一串钥匙或者一副眼镜，打开了我们心灵的窗口和我们的视线。

两种寂静

※ 信仰，能改变什么？

我敢说：什么也改变不了。在一场葬礼上，哭泣的人中会有人相信复活，但是有多少？在招聘会的等候室里，能从紧张的候选人中分辨出谁有信仰吗？难道是我们的信仰不够强烈吗？如果我们的信仰足够虔诚，就没有什么恐惧和痛苦会伤害我们？

完全不是这样，信仰，尽管足够强大，但它不禁止人类成为人，哭得像个人，或像人一样痛苦。

那么，信仰有什么好处？毫不掩饰地回答："什么也没有。"拥有信仰不会让你免除生命中的痛苦，也不会让你得以永生，相反，心中的爱越广阔，被

爱展开得越大，我们就越脆弱。

感动、被伤害的机会就越大。也就是说,爱展开得越大,我们就越脆弱。

信仰不是抵抗痛苦的保证,反而会让我们更痛苦。它让我们的痛苦多了个同伴。可我们要的是保护,同伴能做什么呢?这就是为孩子屏蔽坏消息和如实告诉他坏消息并安慰他之间的区别。这就是拼命保护自己的安全和普爱众生之间的区别。因为任何一次考验都是证明自己的机会。我们经常需要别人:那些和我们一起,或者走向我们的人。拥有信仰不会改变什么,但也许会触动我们自己:总有一个东西,或者是某个人,在晚上守护着我的安睡。

总有一个东西,或者是某个人,在晚上守护着我的安睡。

我的这个想法是某一天下午,在我妻子和女儿睡午觉的时候产生的。当时我在房间里工作,我儿子来找我:"爸爸,你听!""没听见啊!""所有人都在睡觉。"我儿子让我听的是寂静,但这种寂静和我独自在家的寂静完全不一样。

这就是无信仰的人和有信仰的人之间的差别:一个是在空

房间里打开电视和收音机,避免听到自己脚步声的回音传来的空虚人生;一个却是在寂静中守护安睡。这没什么。科学会告诉你这两种寂静是一样的:"鼓膜没有感受到震动。"但我们不完全生活在科技中,我们是人:在生命里的寂静背后,我们希望看到一种存在,虽然我不知道是谁在我身边,但他改变了一切。

捉迷藏

> 一双大眼睛笨拙地藏在十根小手指后面,小手太小,藏不住大大的笑脸……"嘿!"

孩子因自己引起(他/她认为)让大人害怕的游戏而高兴得手舞足蹈,不知疲倦地要求重来。"再来一次!"每个孩子都喜欢捉迷藏,因为他们发现这个游戏,可以重复进行,不用花钱,而且所谓的害怕也是没有危险的。等他们再长大一点,捉迷藏的道具就会更"高级"些:躲在小树林里,或是门后的墙角,沙发下面……孩子的体型又小又柔软,可以找到很多稀奇古怪的隐蔽点。然而成人胳膊长腿长,身体又僵硬,几乎没有一个家具可以完全遮住他们。

如果所有的孩子都玩捉迷藏,那我们的造物主小时候肯定也玩过。现在,他仍在继续着这个游戏。当他在启示我们的时候,并不会直接告诉我们,而是通过其他某个人或是物。他向我们倾诉,但不会强求:他的默默启示并不是一次无懈可击的表演,震慑反抗，禁锢民智；相反，他总是会向我们提出开放性的问题，并渴望听到大家的回答。这个世界在向我们说着"我爱你"，就像恋人说"我爱你"时一样，背后有多少悬而未决的隐藏的疑问。"你呢，你爱我吗？"恋人告白的时候，也是试探对方的冒险。"另一半也想和我一样受爱约束吗？"

爱上一个美好的人实在是一件太过容易的事情……但如果对象是一个又冷又饿，被关进监狱的人，我们还会爱他吗？我们可以自由选择，但一定要擦亮眼睛：还有比透过表象的爱更自由的吗？这需要坚定的眼神：能透过被毁坏的躯体，接受他，了解他，知道他的付出并爱上他。

我们的造物主是一个大玩家，他向我们发起挑战：他躲在我们想不到的地方，我们要把他找出来。他在我们的日常祈祷中，在大大小小的苦恼中，在罪恶与痛苦的最前沿。寻找他就像是捉迷藏，需要大胆和活跃：要有坚定的信念，就不会被吓到。

造物主一旦藏起来，就不会在街角等着我们。他考验我们，但并不让我们心怀恐惧。玩捉迷藏的造物主一点也不邪恶。相

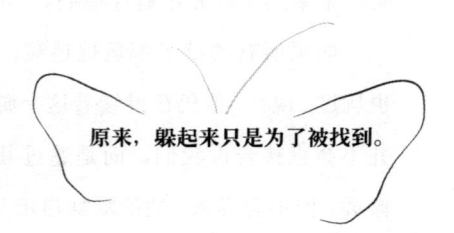

原来，躲起来只是为了被找到。

Vivre, croire et aimer

反，这个孩子气的游戏让我们爱上了猜谜、乔装打扮还有悄悄话。所以我们要在自己身上找寻孩子的纯真：爱的艺术，不评判，不害怕，最后总能找到结果。原来造物主在我们的孩提时代就早已出现：小男孩突然开开心心地跑出来，并自豪地告诉我们他的躲藏之地。

原来，躲起来只是为了被找到。

人类的画像

> 在动荡的时代，我们用任何借口杀戮，
> 此起彼伏的惨叫声也唤起人类心中的悲鸣，
> 惨不忍睹的画面挑衅着还有信仰的人类。

毫无疑问，在这些血洗人间的事件中，信仰的存在太过显眼：正是以它的名义，人类进行着屠杀？太阳底下无新鲜事：正是为了这个该死的诅咒，我们牺牲了无辜的生命。

还有另外一个问题直击那些愤怒疯狂的历史，那便是"造物主在哪里"？在奥斯维辛（Auschwitz），在卢旺达（Rwanda），在《查理周刊》（*Charlie Hebdo*）[①]的记者被枪杀之时，在我们的人性受伤之时，我们不禁自问："造物主和信仰的存在以及意图究竟是什么？"

---

① 《查理周刊》法文名为（*Charlie Hebdo*），又翻译为《沙尔利周刊》，创建于1970年，是法国的一家讽刺漫画杂志，2012年在法国发行量已达4.5万份。该周刊经常刊登辛辣大胆的宗教和政治类报道。——译者注

我们不要再去找寻"造物主的意图"这个古老的疑问。单从字面上的意思来看：意图就是计划、草图，是脑袋里的想法。问题是这样的：造物主为什么要做创造人类这件奇怪的事？我们真能从他的行动中找出蛛丝马迹吗？

如果从"草图"这个意义上讲，意图（dessein）也可以是图画（dessin）。2015年1月7日被枪杀的记者们就是画家，准确地说是漫画家。问题"造物主的意图是什么"，从这个方向理解就是：造物主怎么画？他作画是用怎样的线条？

对恶之谜的第一个回答似乎是可以勾勒出来的。因为，确切地说，造物主像讽刺画家那样画画。当然，他的笔触不会像达·芬奇（Léonard de Vinci）或者米开朗琪罗（Michel-Ange）那样轻盈，理论上也不会勾勒出大致轮廓：他创造的每个人自由而独特，他让每个人为自己的画填满线条，用自己特有的才能和生命完成这个神圣的作品。

但是，即使造物主没有画出我们的轮廓，也不是仅留给我们一页白纸。人类的自由不是想干什么干什么，而是人性的绽放，而这个"人性"不只是个性，不只是自我。

如果造物主不是一位讽刺画家，那我们人类也不应该是一幅讽刺画。如果真的有人变成了那样，是因为他抛弃了神圣的温情。看看那些不可一世的家伙们吧：尼采笔下的超人，不可战胜的赢者，狂热的崇拜者，他们曾认为自己就是万物的主宰。

  做一个平和的手工艺人吧，日复一日地像作画一样打磨我们的人性：有分寸地，轻柔地，耐心地创作，不惧怕邪恶、暴躁和粗鲁时不时的突袭。

生活 相信 爱

小故事

　　接下来的每一天都再平常不过了。分发早上收到的邮件，安排会见，在食堂排队……有时候，我会碰见那天召开的奇怪会议上遇到的同事。一个是让·阿比，在垃圾收集部工作。我们相视一笑。另一个是丹尼尔，他请办公室的每个同事喝了一杯咖啡。同样温柔的微笑让我想起了董事长办公室所在楼层那幅肖像画。股东们对老板有约束力。他们要求我们公司对生产活动有更准确的描述。一个股东在全体大会上说："一个公司的员工不知道他们生产什么，如果这不是荒谬的，那至少是毫无理性的！"这句话虽然我们不懂，但听得出他生气了。他们为此大伤脑筋。这件事情触动了我们，从此以后，我们经常见面。如果没有见面的地方，让·阿比就会热情地建议大家到他管理的垃圾箱安放处集合。星期四晚上，下班早的人认真把聚会的地方擦干净，每个人手里都拿了一盘吃的东西。我们会说说过去的一星期是怎么爱别人的，平息了哪些争执，消除了哪些不公平，哪些伤人的话消失在喉咙里没有说出去，哪个同事因为我们的善良而向我们托付了信任。大多都不是什么重要的事情，甚至无关紧要。但，那是我们的任务。

153

结束语
Épilogue

双重生活的赞歌

❋ 在从巴黎开完会回去的路上,我看到了一个惊世骇俗的广告。

在地铁里,四米乘三米的广告栏里赫然写着这句口号:"欺骗丈夫的女人是双倍忠诚的女人。"如果苏格拉底有机会生活在我们这个时代,他真有可能被这个广告背景画上的果核噎住了。"怎么会有这样的诡辩,可怜的男人,谁中了这个奇怪的错误逻辑的招?"不过很快他就会明白为什么这个歪理邪说能在这里安然摆放:这是一个婚外交友网站的广告。

看到这个广告我吃了一惊,然后觉得很悲哀,难道人类已经堕落至此了?但苏格拉底,他,从来不会因为一点打击而气馁:他会用巧妙的嘲讽反击。这是他追捕、盯紧敌人的方式,对于真善美的砍杀者,他紧紧地咬住他们的裙摆不松口。来吧,让我们尽情地嘲笑他们。

……

然而,我什么也没说出来,除了一种无奈的失望。

尾聲
epilogue

爱的密使

※ 我们为谁工作?

每个人都会从贯穿这本书的小故事中有所收获。诠释是开放的。就像尼采说过的,如果有所谓的错误的诠释,就也没有真正的诠释,也就是说没有一种解释能穷尽一则寓言、一首诗或者一句格言的丰富寓意。格林童话中的小裁缝对某些人来说是逗人开心的,另一些人却认为这是一个神秘的故事。西蒙娜·魏尔从小裁缝和巨人的故事中读到了一个启示:"巨人向天上抛了一块石头,过了很久石头才掉下来。小裁缝向天上抛出了鸟,永远不会掉下来。没有翅膀的总会掉下来。"这就是道理:不是累得满头大汗和自愿的狂热就能让我们与自己的信仰联系在一起。西蒙娜·魏尔还讲了一则意大利的童话故事。一个鞋匠急着和自己的心上人见面,因为后者就要嫁给别人了,但他必须穿过一片茂密的森林。他砍掉了挡路的灌木,但这些灌木立刻又长出来了,而且更坚硬,更茂密。他不停地砍,拔,剪，累得半死，失望极了。但最后他终于明白了，原来他可以爬到树上，从一个树顶到另一个树顶去穿越森林。西蒙娜·魏尔总结说，信仰不是固执地根除我们与生俱来的恶，而是我们对别人的态度和自己所能达到的高度。

西蒙娜·魏尔通过自问的方式充实了自己的作品。而弗洛伊德从这些童话中看到了别的东西。他有一个说法，不要问童话是不是真的，只要关注故事是不是有丰富的想象。

每个时代，每个种族，每个人都会从象征物（神话故事、宗教语言、小说或电影……）中找到一个载体来发出自己的回声。在一个年代古老的洞穴里，回声会更加多样，丰富，更适合在作品中找寻自己需要的东西。

有时候会这样：解读会赋予原著本来没有的厚度。这也是音乐演奏家的探险，他们知道一个曲谱远不是堆积在纸上的音符。一首曲谱最终是一个人对另一个人的呼唤，不管两人之间隔了多少时间，都能够彼此进行丰富有趣的对话。一个创作者不是能够一次创作所有：他也不知道自己作品的全部含义。弄清那些原作者没有发现的意义就是后来解读者的工作，当然最后也变成了解读者自己的作品。

我们的故事

"怎样让明天变得美丽而充实?"这是我们在序言中的一个问题。

关于这个问题,也许贯穿全文的这则故事能告诉我们答案。故事中的公司或许就是我们的世界。那些被选上,各就其位并各尽其才、闪闪发光的员工是谁?是你,也是我,是所有那些人,他们认定自己的使命或生活的重心就是用自己的生命来被爱并且爱别人。当我们决定用我们的一生来完成这个任务时,我们就是被选上的人。

这些人会成为"付出即有回报"规则的一个例外。这些被派出去的员工从此就要付出更多的耐心去倾听,却不能期待丰厚的回报。在他们日常生活中加上了这个新的"工作",这个新的职位并不代替原来的工作,却能让原来的工作变得多彩。他们是我们这个世界的密使。

他们身怀秘密任务,但并不像想象的那样风光:这些密使,他们知道我们一些人的秘密,却并不比其他人优越。从某种角度来看,他们是其他人的服务人员。另一串终极问题:我们为何而生?我们被谁造就?难道不是爱吗?也许当孩子出生在仇恨中,当孩子被放在荆棘做的摇篮中时，爱甚至会更靠近他们。是的，爱主持了所有的出生：孩子把自己交给我们照顾，多么脆弱的生命，强烈地呼唤我们。爱，一开始就在人类身上留下了行善的喜悦或对爱本身的渴望。人类的需要不仅是拿食物喂饱自己，还需要友谊和柔情。

在这个公司中，那些被选中的人有幸接到了成就自己的任务，那就是做一个充满爱意的人。

如果每个人都是独一无二的，为什么密使还会觉得自己是不一样的呢？因为他们拥有爱。不停地爱别人就不会嫉妒自己。跟我们的双手是用来接受和拥抱的，我们的眼睛是用来发现和感受的一样，爱是用来传递和分享的。

共同的使命

这是一则寓言故事，但是每个人都能看到，也能接受到。

我们每一个人因爱而生，为爱而存在，也为更好地服务这个世界。书中讲述的这个故事是发给我们的一个邀请，它希望我们摆脱"付出即有回报"的人类法则，重写一个关于给予的新的法则。这听起来似乎有点疯狂，如果这个法则不是出自立法者自己，那简直就是天方夜谭。爱的密使促使我们去推翻原先的获取法则，让我们全身心地投入爱，也告诉我们不要害怕。因为，如果生命的本质就是爱，那么为什么要害怕不顾一切的爱？生命会在算计中消耗，会在关注小事中浪费，也会在自己变成爱的源泉中生长，因为我们不能从别的地方获取生命的源泉。

生命，不是我们的弱点。恰恰相反！

我们每个人都会有这样的时候：孤独和幸福掺杂，觉得世界不是那么坏，有些东西会悄悄地让美好和美丽得以绽放。也许我们有一天会隐约看见，即使是昙花一现，本人，所有人存在于世界上的条件——生命，不是我们的弱点。恰恰相反！我们有一天终会知道，生命，这个小小的，脆弱而惊慌的，一开始就承载我们的，是个好东西。

在这个时候，爱不再是一种感觉，而变成了承载世界的基石。在我们的历史中，在人类世界的历史中，归根结底都是爱。

看看尼采，这是一个批判的哲学家：他有时也会被世界和人类的美好感动得痛哭流涕。为了抵抗恩赐，为了不向一生存在的威胁低头，他一直都受限于一种力量……超人类的力量。哪怕有一点点，他能相信生命；哪怕有一点点，他能相信人类不是与这个世界无关的存在。我们也许会用他的话说:"他幸免于难……"但这个幸免的,不就是我们在幸福的时刻,让人类美好的本质在耳边轻轻诉说的美好时光吗?

我们常说幸免于难。但如果在另一个世界听到一个好消息,即我们被赋予了某个特殊的任务时,我们一定会赶紧回来,去拥抱一个更丰富的人生。就像这些被分派出去的员工,他们在世界公司里似乎都在按部就班地工作。但是不一样的,一个新的承诺征服了我们。我们不再为次要的事情浪费生命,不再长时间地自怨自艾。因为我们知道在这个世界上有些东西是永恒的,它们印刻在人类世界的本质中,不会因为我们的疲惫而损坏,不会因为我们的愚蠢而被污染。

每个从"爱的使者"中看到自己的人都会是他人黑暗中的一丝光明。生活在爱中,需要遵守一条禁忌,唯一的一条:不能培养绝望,不能维护复仇,不能放任悲伤,有时候,这些会成为生命的全部。

或许我们可以听听李尔王(Lear),这位被放弃、被出卖,而且马上要被投入监狱的老国王跟他心爱的女儿科尔代丽亚(Cordélia)所说的话:

来吧,要承认事实:到监狱里去吧

就像一只鸟在笼子里欢唱

你让我祝福你

我却要跪下来

请求你的原谅

就这样我们活着,我们祈祷,我们歌唱

我们讲那古老的童话

我们听那可怜的魔鬼

来向我们传达权力的消息

谁输了,谁赢了

谁顺风顺水,谁不再得势

我们嘲笑这些有着金翅膀的脆弱的蝴蝶

我们探索神秘的事情

我们是上帝的信使

在这监狱里我们活得

比世间的宫殿更自在

在这阴晴圆缺的清冷月光下的人世间

无论在监狱还是在公司，无论在地铁上还是骑着单车，只要我们愿意，我们每天都会是爱的密使，是化学物质的激活者：如果爱就是本质的要求，那么爱本来就存在于世，但需要我们来激活，来重现，来显示。

密使的意义就在于此，当爱本身秘而不宣，就像一个外在的法则约束我们时一样：迫使爱知道我们是因它而生，为它而存在，让它一点一点地渗透出来，尽管并非出自它的本意。我们对待世界，就要像每秒钟都为我们身体提供养料的细胞一样，默默地奉献，为之服务。

想象的力量

当然这个故事只是一则寓言。或许现实世界中并不会有这样的老板，也并没有从他的手上接到过如此任务的密使。但我们不妨这样假设。我们像孩子一样说："我当王子，你来装恶龙，好吗？"当然，不仅能假设，还能这样做。想象我们带着一个特殊的使命来到人间，从这个角度看待我们的生命，这不是用一个美好的故事来欺骗自己，而是讲述另一个故事，它比人们费力编造出来的故事要更深刻，更强烈。不管我们是否愿意，我们的生活离不开想象。比如，我一直在想象我和我的同类进行着一场永久的争斗，为了一个位置，如果我得不到，就会落到敌人手里。因此我觉得自己比别人更现实……人生中这个场景不是比别人更真实，而是更悲哀。重要的问题是：为了找到人生的方向，我们要知道任务是什么，生活中最重要的是什么，要好好地想象我们的生活。生活会是什么样的呢？想象是现实形象的基础，因此它的作用绝不是微乎其微的。活在引发思考的寓言中要比活在悲情的小说中要好得多。

是的，想象我们是爱的使者，这肯定是幻想。但是这个角色都可以被想象成长篇小说中的一个角色，这个角色不是在一张纸上，他要比有血有肉的人物形象更真实：一个真正的人。作者只是随手画出了抛物线，每个人完全可以自由地改变这条线的轨迹。

因此，我们被爱派遣，与他人分享爱，这是一个想象，但如果我们想象人生的方式坚定而深入地改变了我们的生活，那就不是一种想象了，这变成了生活的艺术，是想象的创造力。

所以我们现在来选择一下吧：每个周四我们要不要去垃圾处理室，和分享爱心的同事见见面？

还是待在我们的办公室里，一天一天自私地数着我们离退休还有多长时间。

附 录

文章来源

Le sens inverse de la marche, La Vie, « Chronique du candide », 05 septembre 2013

Trop beau pour être vrai ?, La Vie, « Chronique du candide », 15 septembre 2011

La musique des choses, La Vie, « Chronique du candide », 28 novembre 2013

Mademoiselle La Guerre, La Vie, « Chronique du candide », 16 octobre 2014

Les retrouvailles, La Vie, « Chronique du candide », 6 mars 2014

Les phalanges d'Adrien, La Vie, « Chronique du candide », 23 mai 2013.

Choisissons bien !, La Vie, « Chronique du candide », 20 novembre 2014, sous le titre « Le choix désarme ».

L'éternelle jeunesse, La Vie, « Chronique du candide », 27 juin 2013

Se faire avoir, La Vie, « Chronique du candide », 5 mars 2015

Les pensées du parking, inédit

Á un moment donné, La Vie, « Chronique du candide »,8 octobre 2015

Vivre simplifié, La Vie, « Chronique du candide », 15 janvier 2015

La stratégie des portes, La Vie, « Chronique du candide », 5 janvier 2014

Faire le pas, La Vie, « Chronique du candide », 12 avril 2012

Nos superpouvoirs, La Vie, « Chronique du candide », 15 avril 2015

Revenir au même ?, La Vie, « Chronique du candide », 14 mars 2013

Rire et chanter, La Vie, « Chronique du candide », 31 mai 2012

De rien, revue Christus, N°237, *La Mystique du service*, janvier 2013

Témoigner de la joie qui nous habite, La Vie, Noël 2011

La fleur et l'athée, La Vie, « Chronique du candide », 5 juin 2014

La naissance : fardeau ou cadeau ?, Prier, Hors-série, *Naître et renaître*, avril 2013

Eté 2002, *Famille chrétienne*, 27 août 2013

L'erreur de Freud, La Vie, « Chronique du candide », 27 mai 2015

La mesure du monde, inédit

La beauté n'est pas un luxe, revue *ATD Quart-Monde* N°218,

Aux portes de la beauté, février 2011

Faut-il croire au Prince Charmant ?, La Vie, « Chronique du candide », 8 décembre 2011. Ce passage a été reproduit avec l'aimable autorisation des éditions du Cerf. On en trouvera en effet une version approchante dans *Le Nouvel âge des pères* (coécrit en 2015 avec Chantal Delsol).

Faut-il croire aux camionneurs ?, La Vie, « Chronique du

candide », 12 janvier 2012

Un enfant, trimestriel *Feuilles de Menthe*, chroniques parues au fil des années 2014 et 2015

L'équilibre parfait, La Vie, « Chronique du candide », 4 septembre 2014

Éloge de la double vie, La Vie, « Chronique du candide », 29 novembre 2012

Dieu : un gros mot ?, La Vie, « Chronique du candide », 3 nombre 2011

Mme Albert et Dieu, La Vie, « Chronique du candide », 31 janvier 2013

« *J'ai perdu la foi* », La Vie, « Chronique du candide », 24 avril 2014

Les deux silences, La Vie, « Chronique du candide », 15 mars 2012

Dieu, à cache-cache, La Vie, « Chronique du candide », 18 octobre 2012

Le dessin de Dieu, inédit

图书在版编目（CIP）数据

生活　相信　爱：发现生命中隐藏的美 /（法）马丁·斯蒂芬斯（Martin Steffens）著；吴雨娜译. —重庆：西南师范大学出版社，2018.8
ISBN 978-7-5621-9529-0

Ⅰ.①生… Ⅱ.①马… ②吴… Ⅲ.①人生哲学－通俗读物 Ⅳ.①B821-49

中国版本图书馆CIP数据核字(2018)第165980号

© Hachette Livre (Marabout), Paris, 2015
Simplified Chinese edition published through Dakai Agency

生活　相信　爱——发现生命中隐藏的美

SHENGHUO XIANGXIN AI——FAXIAN SHENGMING ZHONG YINCANG DE MEI

[法] 马丁·斯蒂芬斯（Martin Steffens）著　吴雨娜 译

出 品 人：米加德
总 策 划：卢　旭　彦吴桐
责任编辑：何雨婷　李　丹
装帧设计：谷亚楠　李　晨
出版发行：西南师范大学出版社
　　　　　重庆市北碚区天生路2号　邮编：400715
　　　　　http：//www.xscbs.com
　　　　　市场营销部电话：023-68868624
印　　刷：重庆紫石东南印务有限公司
成品幅面尺寸：130mm×190mm
印　　张：5.75
字　　数：90千字
版　　次：2018年10月第1版
印　　次：2018年10月第1次
著作权合同登记号：版贸核渝字（2018）第154号
书　　号：ISBN 978-7-5621-9529-0
定　　价：50.00元

读者回函表

姓名：_____ 性别：____ 年龄：_____ 职业：_____ 教育程度：_____
邮寄地址：_____ 邮编：_____
E-mail：_____ 电话：_____

您所购买的书籍名称：《生活　相信　爱——发现生命中隐藏的美》

您对本书的评价：

书名：	□满意	□一般	□不满意	故事情节：	□满意	□一般	□不满意
翻译：	□满意	□一般	□不满意	书籍设计：	□满意	□一般	□不满意
纸张：	□满意	□一般	□不满意	印刷质量：	□满意	□一般	□不满意
价格：	□便宜	□正好	□贵了	整体感觉：	□满意	□一般	□不满意

您的阅读渠道（多选）：□书店　□网上书店　□图书馆借阅　□超市/便利店
□朋友借阅　□找电子版　□其他 _____

您是如何得知一本新书的呢（多选）：□别人介绍　□逛书店偶然看到　□网络信息
□杂志与报纸新闻　□广播节目　□电视节目　□其他 _____

购买新书时您会注意以下哪些地方？
□封面设计　□书名　□出版社　□封面、封底文字　□腰封文字　□前言后记
□名家推荐　□目录

您喜欢的书籍类型：
□文学-奇幻小说　□文学-侦探/推理小说　□文学-情感小说　□文学-散文随笔
□文学-历史小说　□文学-青春励志小说　□文学-传记
□经管　□艺术　□旅游　□历史　□军事　□教育/心理　□成功/励志
□生活　□科技　□其他

请列出3本您最近想买的书：_____、_____、_____

请您提出宝贵建议：_____
_____

★感谢您购买本书，请将本表填好后，扫描或拍照后发电子邮件至wipub_sh@126.com 和xscbsr@sina.com，您的意见对我们很珍贵。祝您阅读愉快！

图书翻译者征集

为进一步提高我们引进版图书的译文质量,也为翻译爱好者搭建一个展示自己的舞台,现面向全国诚征外文书籍的翻译者。如果您对此感兴趣,也具备翻译外文书籍的能力,就请赶快联系我们吧!

您是否有过图书翻译的经验: □有(译作举例:_____)
　　　　　　　　　　　　　 □没有

您擅长的语种: □英语　□法语　□日语　□德语
　　　　　　　□韩语　□西班牙语　□其他_____

您希望翻译的书籍类型: □文学　□生活　□心理　□其他_____

请将上述问题填写好、扫描或拍照后,发电子邮件至wipub_sh@126.com和xscbsr@sina.com,同时请将您的译者应征简历添加至邮件附件,简历中请着重说明您的外语水平等。

期待您的参与!

西南师范大学出版社
上海万墨轩图书有限公司

更多好书资讯,敬请关注

万墨轩图书　　　西南师范大学出版社

文学 · 心理 · 经管 · 社科

艺术影响生活,文化改变人生